**Pr**

"十二五"国家计算机技能型紧缺人才培养培训教材

教育部职业教育与成人教育司
全国职业教育与成人教育教学用书行业规划教材

新编中文版

# Premiere Pro CS5 标准教程

编著／施博资讯

**光盘内容**
4.2G超大容量DVD教学光盘，包括79个典型范例以及课后
上机题的影音视频教学文件、相关练习素材和范例源文件

海洋出版社
2012年·北京

# 内 容 简 介

　　本书是专为想在较短时间内学习并掌握非线性编辑软件 Premiere Pro CS5 的使用方法和技巧而编写的标准教程。本书语言平实，内容丰富、专业，并采用了由浅入深、图文并茂的叙述方式，从最基本的技能和知识点开始，辅以大量的上机实例作为导引，帮助读者轻松掌握中文版 Premiere Pro CS5 的基本知识与操作技能，并做到活学活用。

　　**本书内容：** 全书共分为 10 章，着重介绍了视频处理的基础知识和 Premiere Pro CS5 的操作界面、项目文件管理；视频采集；预览、管理、编辑素材；特效应用；音频处理；覆叠素材的制作；字幕设计技巧；渲染并导出项目等知识。最后通过使用 DV 拍摄的婚礼视频素材制作婚礼影片的全过程，综合介绍了使用 Premiere Pro CS5 设计影视作品的方法。

　　**本书特点：** 1. 基础知识讲解与范例操作紧密结合贯穿全书，边讲解边操练，学习轻松，上手容易；2. 提供重点实例设计思路，激发读者动手欲望，注重学生动手能力和实际应用能力的培养；3. 实例典型、任务明确，由浅入深、循序渐进、系统全面，为职业院校和培训班量身打造。4. 每章后都配有练习题和上机实训，利于巩固所学知识和创新。5. 书中全部实例均收录于光盘中，采用视频讲解的方式，一目了然，学习更轻松！

　　**适用范围：** 适用于全国高校影视动画非线性编辑专业课教材；社会培训机构影视动画非线性编辑课培训教材；用 Premiere 从事影片非线性编辑的从业人员实用的自学指导书。

## 图书在版编目（CIP）数据

新编中文版 Premiere Pro CS5 标准教程/施博资讯编著. —北京：海洋出版社，2012.2
ISBN 978-7-5027-8194-1

Ⅰ.①新…　Ⅱ.①施…　Ⅲ.①图形软件，Premiere Pro CS5　Ⅳ.①TP391.41

中国版本图书馆 CIP 数据核字（2012）第 019795 号

| | | | |
|---|---|---|---|
| **总 策 划**：刘　斌 | | **发 行 部**：(010) 62174379（传真）(010) 62132549 |
| **责任编辑**：刘　斌 | | （010) 68038093（邮购）(010) 62100077 |
| **责任校对**：肖新民 | | **网　址**：www.oceanpress.com.cn |
| **责任印制**：赵麟苏 | | **承　印**：北京盛兰兄弟印刷装订有限公司 |
| **排　版**：海洋计算机图书输出中心　晓阳 | | **版　次**：2012 年 2 月第 1 版 |
| | | 2012 年 2 月第 1 次印刷 |
| **出版发行**：海洋出版社 | | **开　本**：787mm×1092mm　1/16 |
| **地　址**：北京市海淀区大慧寺路 8 号（716 房间） | | **印　张**：16.75 |
| 100081 | | **字　数**：402 千字 |
| **经　销**：新华书店 | | **印　数**：1～4000 册 |
| **技术支持**：(010) 62100055 | | **定　价**：32.00 元（含 1DVD） |

本书如有印、装质量问题可与发行部调换

## "十二五"全国计算机职业资格认证培训教材

# 编 委 会

# 前　言

Adobe Premiere Pro 是目前最流行的非线性编辑软件，也是数码视频编辑的强大工具，它作为功能强大的多媒体视频、音频编辑软件，应用范围不胜枚举，制作效果美不胜收，足以协助用户高效地工作。

目前 Adobe Premiere Pro 的最新版本是 Adobe Premiere Pro CS5，该版本是 Adobe Premiere Pro 软件系列版本中功能最强大的。它能完成在传统影片编辑中需要利用复杂而昂贵的视频器材才能完成的视频处理，配合 Windows 的操作界面，可以轻易地完成影片剪辑、音效合成等工作，通过综合运用图片、文字、动画等效果，可以制作出各种不同用途的多媒体影片。

本书以 Premiere Pro CS5 作为教学主体，通过由浅入深、由基础到应用的方式带领读者体验 Premiere Pro CS5 编辑视频的过程。书中详细介绍了 Premiere Pro CS5 软件的操作基础、通过采集卡采集 DV 视频、通过软件的功能修剪和应用视频、对视频素材进行各种编辑处理、应视频特效和切换特效、制作影片的字幕、实时录音与编辑音频以及渲染项目和导出媒体的方法和技巧，最后通过一个婚礼影片作为案例，综合介绍了使用各种功能 DIY 设计影视作品的方法。

本书共分为10章，全书内容始终以"学以致用"为指导，列举了大量的实例，使读者能更好地学习 Adobe Premiere Pro CS5 软件。具体内容如下：

第 1 章主要介绍视频处理的基础知识和 Premiere Pro CS5 的配置要求、安装和启动程序的方法。

第 2 章主要介绍 Premiere Pro CS5 程序的操作界面以及项目文件和素材管理的方法。

第 3 章主要介绍使用 Premiere Pro CS5 程序并配合 IEEE 1394 卡对 DV 拍摄的视频进行采集的方法。包括自动采集、手动采集和批量采集等三种采集方法。

第 4 章主要介绍通过【素材源】面板预览和管理素材，再将素材以各种方法添加到【时间线】窗口的序列中，并对序列的素材进行适当编辑的方法。

第 5 章先从基本操作讲起，介绍查看和应用特效以及编辑与管理特效的基本方法，然后通过典型的示例，详细介绍了各类特效的应用效果。

第 6 章主要介绍项目音频的处理。包括通过【调音台】面板录音和调音、通过【时间线】窗口的轨道进行调音、应用音频特效和过渡特效以及对音频特效的各种处理等内容。

第 7 章主要介绍通过定义素材的透明属性，制作覆叠素材的合成效果。

第 8 章主要介绍新建字幕素材，并通过【字幕设计器】窗口设计字幕的方法，包括新建字幕素材、应用字幕样式以及设计弯曲字幕、滚动字幕、游动字幕、图形字幕等高级技巧。

第 9 章主要介绍通过 Premiere Pro CS5 程序渲染项目，并将项目内容导出成各种文件类型以及导出媒体时应用的技巧。

第 10 章通过使用一些 DV 拍摄的婚礼视频素材制作婚礼影片的实例，综合介绍使用 Adobe Premiere Pro CS5 程序设计影视作品的方法。

## 本书特点

本书由资深影视制作专家精心规划与编写，具有以下特点：

● 内容新颖

本书采用最新版本的 Adobe Premiere Pro CS5 作为教学软件，以"基础+实例"的方式介绍软件的操作与应用，并配合新功能的使用，扩展了学习范围，掌握更多的应用方法。

● 主题教学

针对读者有目的学习的需求，本书使用了大量的实例进行教学讲解，并以明确的主题形式呈现在各章中，读者可以通过主题的学习，掌握 Adobe Premiere Pro CS5 的实际应用，同时强化对软件的使用。

● 多媒体教学

本书提供精美的多媒体教学光盘，光盘将书中各个实例进行全程演示并配合清晰的语音讲解，让读者体会到身临其境的课堂训练感受，同时提高读者真正动手操作的能力。

● 超强实用性

本书的章节结构经过精心安排，依照最佳的学习流程和学习习惯进行教学。书中各章均提供教学目标和教学重点，对各章的学习进行预前说明，以指导读者在目的明确的前提下学习本书。

本书内容丰富全面、讲解深入浅出、结构条理清晰，通过书中的基础学习和应用实例，让初学者和影视制作入门者都拥有实质性的知识与技能。另外，本书提供包含全书练习素材和实例演示影片的光盘，方便读者使用素材与本书同步学习，提高学习效率，事半功倍，是一本专为职业学校、社会电脑培训班、广大电脑初、中级读者量身订制的培训教程和自学指导书。

本书由施博资讯科技有限公司的黎文锋主编，参与本书编写与范例设计工作的还有黄活瑜、梁颖思、吴颂志、梁锦明、林业星、黎彩英、刘嘉、李剑明、黄俊杰等，在此一并谢过。在本书的编写过程中，我们力求精益求精，但难免存在一些不足之处，敬请广大读者批评指正。

编　者

# 目　　录

# 第 1 章　Premiere Pro CS5 入门

**教学提要**

在学习如何使用 Adobe Premiere Pro CS5 程序前，首先了解视频编辑的基础知识和掌握安装程序的配置要求和方法。

**教学重点**

➢ 了解线性编辑与非线性编辑方式
➢ 了解视频编辑常用软件和视频格式
➢ 了解 Premiere Pro CS5 程序的配置要求
➢ 掌握安装与启动 Premiere Pro CS5 程序的方法

## 1.1　视频编辑的入门

随着数码科技的发展，现在很多家庭用户都拥有了数码相机、数码摄像机等各类摄像设备。通过这些设备可以拍摄到各种类型的视频，因此视频的后期编辑和处理技术也随着热门起来。要想学习好各种视频编辑技术，首先要从最基础的入门知识学起。

### 1.1.1　视频编辑的方式

一般来说，视频编辑的方式有线性编辑和非线性编辑两种。

#### 1. 线性编辑

线性编辑是一种磁带的编辑方式，它利用电子手段根据影片内容的要求将视频素材连接成新的连续画面。通常使用组合编辑将素材按顺序编辑成新的连续画面，然后以插入编辑的方式对某一段进行同样长度的替换。

以线性编辑的方式对视频进行编辑时，需要把摄像机所拍摄的素材一个个地进行剪切，然后按照剧本或者方案，一次性的对素材在编辑机上进行编辑。

线性编辑使用编放机、编录机直接对录像带的素材进行操作，特点是直观、简洁、简单。可以使用组合编辑的方式插入编辑，视频的图像和声音可以分别进行编辑，同时也可以为画面配上字幕、添加各种特效来满足制作需要。

线性编辑的素材搜索和录制都必须按时间顺序进行，如果认为某个视频素材需要增加或者删除，则全部素材需要在编辑机上重新排列编辑一遍，非常麻烦。

另外，线性编辑系统因为包括编辑录像机、编辑放像机、遥控器、字幕机、特技台、时基校正器等设备，使得它的连线比较多、投资较高、故障率较高。

#### 2. 非线性编辑

随着摄像机的普及和非线性编辑软件的流行，非线性编辑一词越来越被大家熟悉，那么什么是非线性编辑呢?

从狭义上讲,非线性编辑是指剪切、复制和粘贴素材无须在存储介质上重新安排它们。而传统的录像带编辑、素材存放都是有次序的。用户必须反复搜索,并在另一个录像带中重新安排它们,因此称为线性编辑。

从广义上讲,非线性编辑是指在用计算机编辑视频的同时,还能实现诸多的处理效果,例如音效、特技、画面切换等。

非线性编辑是相对于传统的以时间顺序进行的线性编辑而言。非线性编辑借助计算机来进行数字化制作,几乎所有的工作都在计算机里完成,不再需要那么多的外部设备,对素材的调用也是瞬间实现,不用反反复复在磁带上寻找,它突破了单一的时间顺序编辑限制,可以按各种顺序排列,具有快捷简便、随机的特性。非线性编辑只要上传一次就可以多次的编辑,信号质量始终不会变低,所以节省了设备、人力,提高了效率。

3.非线性编辑的流程

非线性编辑的工作流程基本分为采集、输入、编辑、输出四个步骤,但因为不同视频编辑的差异,不同的编辑软件会细分出其他流程。

(1)采集

采集就是将拍摄的视频保存在计算机中。这个工作可以直接利用数据线将视频导入计算机,或者通过视频编辑软件将模拟视频、音频信号转换成数字信号存储或者将外部的数字视频保存到计算机中,成为可以处理的素材。

(2)输入

输入主要是指视频、图像、声音等素材导入到视频编辑软件中。

(3)编辑

素材编辑是指对视频进行剪辑、合并、截取,以及分理音频、添加音频、添加图像、添加字幕素材等编辑,然后按时间顺序组接出一个完整作品的过程。

在编辑这个流程里,可以对视频进行特技处理、制作字幕等处理。

(4)输出

视频编辑完成后就可以输出到录像带;也可以生成视频文件保存在计算机里;或者直接发布到网上;或者刻录 VCD 和 DVD 等。

## 1.1.2 非线性视频编辑软件

目前,非线性编辑软件很多,下面将简述常用于视频编辑的非线性编辑软件。

1.Adobe Premiere Pro

Adobe Premiere Pro 是一款流行的非线性视频编辑软件,由 Adobe 公司推出。它能完成在传统影片编辑中需要利用复杂而昂贵的视频器材才能完成的视频处理。配合 Windows 的操作界面,可以轻易地完成影片剪辑、音效合成等工作,通过综合运用图片、文字、动画等效果,可以制作出各种不同用途的多媒体影片。

新版本的 Adobe Premiere Pro CS5 完善地解决了 DV 数字化影像和网上的编辑问题,为 Windows 平台和其他跨平台的 DV 和所有网页影像提供了全新的支持。同时它可以与其他 Adobe 软件紧密集成,组成完整的视频设计解决方案。新增的"编辑原稿"命令可以再次编辑置入的图形或图像。如图 1-1 所示为【Adobe Premiere Pro CS5】程序界面。

图 1-1 【Adobe Premiere Pro CS5】程序界面

**2．Sony Vega Pro**

Sony Vegas 是一款整合了影像编辑与声音编辑的软件，其中无限制的视轨与音轨，更是其他影音软件所没有的特性。同时也提供了视讯合成、进阶编码、转场特效、修剪、及动画控制等功能。不论是专业人士或是个人用户，都可因其简易的操作界面而轻松上手。此套视讯应用软件可以说是数字影像、串流视讯、多媒体简报、广播等用户解决数字编辑的方案。如图 1-2 为 Sony Vega Pro 程序的界面。

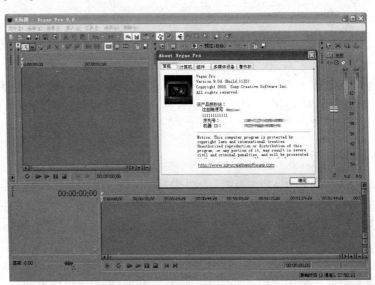

图 1-2 Sony Vegas Pro

Sony Vegas 家族共有四个系列，包括 Vegas Movie Studio、Vegas Movie Studio Platinum、Vegas Movie Studio Platinum Pro Pack 和 Vegas Pro。其中前三个系列是为民用级的非线性编辑系统提供的产品解决方案，后一款 Sony Vegas Pro 是为专业级别的影视制作者们准备的音视频编辑系统，可以制作编辑出更完美的视频效果，基本可以满足广大影视爱好者的需要。

### 3．Corel MediaStudio Pro

MediaStudio Pro 原来是由著名的 Ulead 公司出品的一款非线性视频制作软件，它是一款非常专业、屡获嘉奖的视频制作软件，具有视频捕捉，视频编辑，视频输出等项功能。该软件 2005 年随 Ulead 公司整体被 Corel 公司收购，因此更名为 Corel MediaStudiopro。

Corel MediaStudio Pro 包含采集、编辑、音频、CG、绘图、菜单、刻录、播放等功能，它完全涵盖了视频编辑所需的一切功能，可以说是专为所有追求最新、最强、最高质量数字影片技术的玩家及专业人员所设计的超强软件。如图 1-3 所示为 MediaStudio Pro 程序的界面。

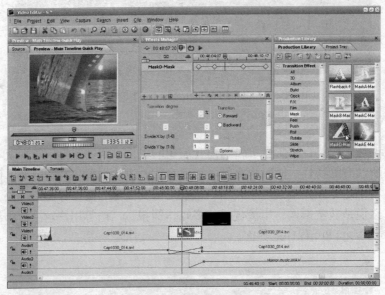

图 1-3　MediaStudio Pro

它提供同级产品中唯一囊括影片捕捉、剪辑、绘图、动画及音频编辑五大模块的功能，支持最新 DV 与 IEEE 1394 应用及 MPEG-2 影片格式，可以轻松制作出具有专业水准的影片、录影带、光盘、网络影片。

### 4．Corel VideoStudio

VideoStudio 与 MediaStudio Pro 同属 Ulead 公司，后一同被 Corel 公司收购。VideoStudio 的定位是家用视频编辑，因为 Media Studio Pro 对一般的上班族、学生等家用娱乐的使用者来说，它还是显的太过专业、功能繁多，并不是非常容易上手，因此 Ulead 公司推出了 VideoStudio。

Corel Video Studio 的中文名称是会声会影，它是一套简便性的视频编辑软件，它完全针对家庭娱乐、个人纪录片制作之用。如图 1-4 所示为 VideoStudio 程序界面。

会声会影在操作界面上与 Media Studio Pro 是完全相同的，而在一些技术上、功能上会声会影有一些特殊功能，例如动态电子贺卡、发送视频 Email 等功能。会声会影采用目前最流行的"在线操作指南"的步骤引导方式来处理各项视频、图像素材，它一共分为开始→捕获→故事板→效果→覆叠→标题→音频→完成等 8 大步骤，并将操作方法与相关的配合注意事项，以帮助文件显示出来，称之为"会声会影指南"，使用会声会影指南可以快速地学习每一个流程的操作方法。

图 1-4　VideoStudio

会声会影提供了 12 类 114 个转场效果，可以用拖曳的方式来应用这些特效，每个效果都可以做进　步的控制，不只是一般的"傻瓜功能"。另外还可以在影片中加入字幕、旁白或动态标题的文字功能。

会声会影的输出方式也多种多样，它可以输出传统的多媒体电影文件，例如 AVI、FLC 动画、MPEG 电影文件，也可以将制作完成的视频嵌入贺卡，生成一个可执行文件（.exe）。通过内置的 Internet 发送功能，可以将视频通过电子邮件发送出去或者自动将它作为网页发布。如果有相关的视频捕获卡还可以将 MPEG 电影文件转录到家用录像带上（VHS）。

### 1.1.3　常用的视频格式

视频文件有很多种格式，但常用于制作影片的视频有下面几种。

#### 1．AVI

AVI 英文全称为 Audio Video Interleaved，即音频视频交错格式，它是一种将语音和影像同步组合在一起的文件格式。

AVI 对视频文件采用了有损压缩方式，但压缩比例高，因此尽管画面质量不是太好，但其应用范围仍然非常广泛。AVI 支持 256 色和 RLE 压缩。AVI 格式主要应用在多媒体介质上，用来保存电视、电影等各种影像信息。

#### 2．MPEG

MPEG 是 Moving Picture Experts Group 的简称，这个名字本来的含义是指一个研究视频和音频编码标准的小组。现在所说的 MPEG 泛指由该小组制定的一系列视频编码标准。

MPEG 标准主要有 MPEG-1、MPEG-2、MPEG-4、MPEG-7 及 MPEG-21 等。该小组成立于 1988 年，专门负责为 CD 建立视频和音频标准，而成员都是视频、音频及系统领域的技术专家。他们成功地将声音和影像的记录脱离了传统的模拟方式，建立了 ISO/IEC1172 压缩编码标准，并制定出 MPEG-格式，使得视听传播方面进入了数码化时代。

MPEG 到目前为止已经制定并正在制定以下和视频相关的标准：

**MPEG-1**：第一个官方的视讯音频压缩标准，随后在 Video CD 中被采用，其中音频压缩的第三级（MPEG-1 Layer 3）简称 MP3，成为比较流行的音频压缩格式。

　　**MPEG-2**：广播质量的视讯、音频和传输协议。被用于无线数字电视-ATSC、DVB 以及 ISDB、数字卫星电视（例如 DirecTV）、数字有线电视信号，以及 DVD 视频光盘技术中。

　　**MPEG-4**：2003 年发布的视讯压缩标准，主要是扩展 MPEG-1、MPEG-2 等标准以支持视频／音频对象（video/audio "objects"）的编码、3D 内容、低比特率编码（low bitrate encoding）和数字版权管理（Digital Rights Management），其中第 10 部分由 ISO/IEC 和 ITU-T 联合发布，称为 H.264/MPEG-4 Part 10。

　　**MPEG-7**：MPEG-7 并不是一个视讯压缩标准，它是一个多媒体内容的描述标准。

　　**MPEG-21**：MPEG-21 是一个正在制定中的标准，它的目标是为未来多媒体的应用提供一个完整的平台。

### 3．Divx

DivX 是一种将影片的音频由 MP3 来压缩、视频由 MPEG-4 技术来压缩的数字多媒体压缩格式。

DivX 是一项由 DivX Networks 公司发明的类似于 MP3 的数字多媒体压缩技术。DivX 基于 MPEG-4 标准，可以把 MPEG-2 格式的多媒体文件压缩至原来的 10%，更可以把 VHS 格式的录像带文件压至原来的 1%。通过 DSL 或 CableModen 等宽带设备，它可以让你欣赏全屏的高质量数字电影。

### 4．Xvid

Xvid（旧称为 XviD）是一个开放源代码的 MPEG-4 视频编解码器，它是基于 OpenDivX 而编写的。Xvid 是由一群原 OpenDivX 义务开发者在 OpenDivX 于 2001 年 7 月停止开发后自行开发的。

Xvid 是目前世界上最常用的视频编码解码器（codec），而且是第一个真正开放源代码的视频编码解码器，它通过 GPL 协议发布。在很多次的 codec 比较中，Xvid 的表现令人惊奇的好，总体来说是目前最优秀、最全能的视频编码解码器。

### 5．Real Video

Real Video 格式文件包括后缀名为 RA、RM、RAM、RMVB 的四种视频格式。Real Video 是一种高压缩比的视频格式，可以使用任何一种常用于多媒体及 Web 上制作视频的方法来创建 Real Video 文件。

### 6．ASF

ASF 是 Advanced Streaming Format（高级串流格式）的缩写，是微软公司为 Windows 98 所开发的串流多媒体文件格式。ASF 是微软公司 Windows Media 的核心。这是一种包含音频、视频、图像以及控制命令脚本的数据格式。

### 7．FLV

FLV 是 FLASH VIDEO 的简称，FLV 流媒体格式是随着 Flash 的推出发展而来的视频格式。由于它形成的文件极小、加载速度极快，使得网络观看视频文件成为可能，它的出现有效地解决了视频文件导入 Flash 后，使导出的 SWF 文件体积庞大，不能在网络上很好的使用等缺点。

8．F4V

F4V 是 Adobe 公司为了迎接高清时代而推出的继 FLV 格式后支持 H.264 标准的 F4V 流媒体格式。它和 FLV 主要的区别在于，FLV 格式采用的是 H263 编码，而 F4V 则支持 H.264 编码的高清晰视频，码率最高可达 50Mbps。

## 1.2　安装 Premiere Pro CS5 程序

### 1.2.1　Premiere Pro CS5 配置要求

Premiere Pro CS5 在 Windows 系统中的具体配置要求如下。

- Intel Core2 Duo 或 AMD Phenom II 处理器。
- 需要 64 位操作系统：Microsoft Windows Vista 系统或 Enterprise（带有 Service Pack 1），或者 Windows 7 系统。
- 最低 2GB 内存（推荐 4GB 或更大内存）。
- 10GB 可用硬盘空间用于安装。安装过程中需要额外的可用空间（无法安装在基于闪存的可移动存储设备上）。
- 编辑压缩视频格式需要 7200 转硬盘驱动器。如果是处理未压缩视频格式，则需要硬盘驱动器支持 RAID 0。
- 1280×900 屏幕分辨率，OpenGL 2.0 兼容图形卡。
- GPU 加速性能需要经 Adobe 认证的 GPU 卡。
- 为 SD/HD 工作流程捕获并导出到磁带需要经 Adobe 认证的卡。
- ASIO 协议或 Microsoft Windows Driver Model 兼容声卡。
- 制作蓝光光盘需要蓝光刻录机。
- 制作 DVD 需要 DVD+/-R 刻录机。
- 使用 QuickTime 功能需要 QuickTime 7 软件。
- 产品激活需要 Internet 或电话连接。
- 使用 Adobe Stock Photos 和其他服务需要宽带 Internet 连接。

---

**提示：** 在上述的配置要求中，变化最大的是 Premiere Pro CS5 要求在 64 位系统上才能安装。大部分用户一般使用的是 32 位操作系统，如果想要使用 Premiere Pro CS5，那么用户就需要安装 64 位的 Windows Vista 或 Windows 7 系统。

---

### 1.2.2　安装 Premiere Pro CS5 程序

安装 Premiere Pro CS5 程序其实很简单，可以将程序安装光盘放进光驱，或者先复制到电脑上，然后进入程序目录执行 "Set-up.exe" 程序，跟随安装向导的指引进行安装即可。

### 上机实战　安装 Premiere Pro CS5 程序

*1*　将程序安装光盘放进光驱，或者将程序复制到磁盘分区上，然后进入程序目录，双击 "Set-up.exe" 程序，打开安装向导，如图 1-5 所示。

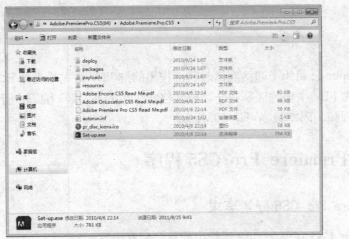

图 1-5　双击安装程序，打开安装向导

**提示：**要使用 Premiere Pro CS5 程序，就必须将 Premiere Pro CS5 程序安装到电脑上。由于 Premiere Pro CS5 应用程序还包括 Adobe Media Encoder CS5、Adobe Extension Manager CS5、Adobe Device Central CS5 等附带程序，因此安装空间要求比较大。建议用户在安装程序的目标磁盘分区中预留不少于 3.5G 空间。

*2* 此时安装程序会进行初始化，然后显示【Adobe 软件许可协议】页面。可以查看许可协议并单击【接受】按钮，继续执行安装的过程，如图 1-6 所示。

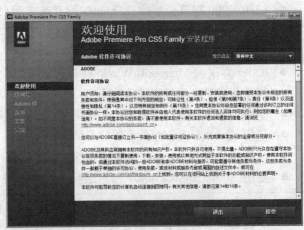

图 1-6　接受许可协议

*3* 接受许可协议后，程序将要求输入安装序列号。可以从程序安装光盘的外包装或说明书中找到，或者通过互联网查找。如果没有序列号，则可以选择安装产品的试用版试用 30 天，如图 1-7 所示。输入序列号后，单击【下一步】按钮。

*4* 进入下一界面后，可以单击【创建 Adobe ID】按钮，创建一个 Adobe 软件的用户账号，以获得联机服务。如果不想创建 Adobe ID，则可以单击【跳过此步骤】按钮，直接进入下一步的操作，如图 1-8 所示。

*5* 进入下一界面后，需要选择安装的程序项目。在此建议全选所有程序项目，以便可以获得程序最全面的功能服务。选择程序项目后，还可以指定程序安装的位置，最后单击【按

钮】按钮，执行安装，如图1-9所示。

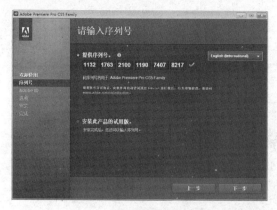

图1-7　输入安装序列号

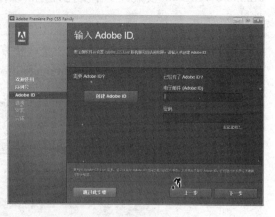

图1-8　创建 Adobe ID

图1-9　选择安装选项和位置

**6**　此时安装向导将自动执行安装的处理，安装完成后，单击【完成】按钮即可，如图1-10所示。

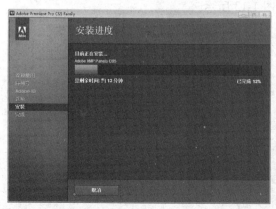

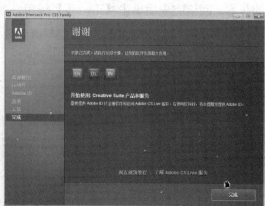

图1-10　执行安装并完成安装的过程

## 1.2.3　安装 Premiere Pro CS5 中文化程序

如果购买的 Premiere Pro CS5 程序是英文版，而自己对英文只是略懂一二的话，可以给

Premiere Pro CS5 安装一个中文化程序，以便可以将程序的界面、功能名称和设置选项以中文显示。

---

**提示：** Premiere Pro CS5 中文化程序可以轻易从互联网上获得，用户只需打开如百度、Google 等搜索网站，以"Adobe Premiere Pro CS5 中文化程序"为关键字进行搜索，即可找到并下载中文化程序。

---

**上机实战 安装 Premiere Pro CS5 中文化程序**

*1* 进入程序目录，双击打开安装文件，如图 1-11 所示。

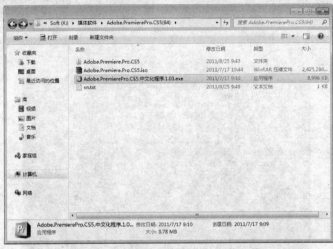

图 1-11 打开中文化程序的安装文件

*2* 打开中文化程序安装向导后，直接单击【下一步】按钮，接着选择【我同意协议】单选项，并再次单击【下一步】按钮，进入下一步的操作，图 1-12 所示。

*3* 进入下一个界面后，可以先阅读中文化程序的信息，例如对照 Adobe Premiere Pro CS5 的版本，阅读完成后单击【下一步】按钮，如图 1-13 所示。

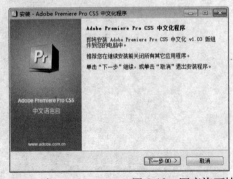
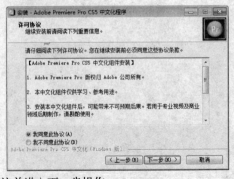

图 1-12 同意许可协议并进入下一步操作

*4* 此时将显示【选择目标位置】界面，需要直接将 Adobe Premiere Pro CS5 程序所在的目录作为中文化程序安装目标位置，否则中文化程序就不能成功将原程序进行中文化转换，如图 1-14 所示。设置完成后，单击【下一步】按钮。

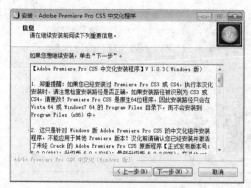

图1-13　阅读中文化程序信息

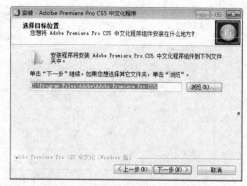

图1-14　指定程序安装目标位置

5　进入下一个界面后，选择需要安装的程序组件，然后单击【下一步】按钮，如图1-15所示。

6　此时可以设置中文化程序，在【开始】菜单中的创建一个文件夹，此选项使用默认的设置即可。设置完成后，单击【下一步】按钮，如图1-16所示。

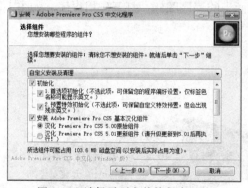

图1-15　选择需要安装的程序组件

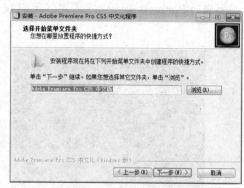

图1-16　设置中文化程序在开始菜单的快捷方式

7　进入下一个界面后，选择安装程序执行的附加任务，选择完成后单击【下一步】按钮即可，如图1-17所示。

8　完成上述的设置后，单击【安装】按钮，执行中文化程序的安装，如图1-18所示。

图1-17　选择安装程序执行的附加任务

图1-18　执行中文化程序的安装

9　在安装过程中，向导会将中文化程序的相关文件复制到目标位置，对原来的英文版Adobe Premiere Pro CS5程序进行中文化处理。安装完成后，只需单击【完成】按钮即可，如图1-19所示。

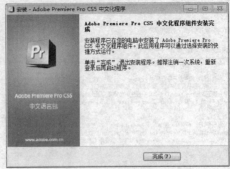

图 1-19　完成程序的安装

### 1.2.4　启动 Premiere Pro CS5 程序

安装好 Premiere Pro CS5 程序后，可以启动该程序，创建项目文件来进行视频编辑的处理。

#### 1. 启动程序

要启动 Premiere Pro CS5 程序，可以双击桌面上的程序图标，打开应用程序，如图 1-20 所示。

图 1-20　双击 Adobe Premiere Pro CS5 图标启动程序

#### 2. 新建项目文件

启动程序后，还不能使用程序的编辑功能，而是需要先创建或打开一个项目文件，然后才可以利用程序的编辑功能对加入项目文件的视频进行编辑工作。

启动 Premiere Pro CS5 程序后，随程序启动打开一个【欢迎使用 Adobe Premiere Pro】的窗口。在此窗口中可以执行新建项目、打开项目、查看帮助的操作，并且在【最近使用项目】列中可以打开最近使用过的项目文件，如图 1-21 所示。

在创建新文件后，还需要对项目进行配置，例如设置序列、设置轨道、设置编辑模式等。完成上述操作后，才可以创建出一个新的项目文件，如图 1-22 所示。

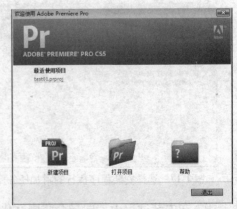

图 1-21　【欢迎使用 Adobe Premiere Pro】窗口

图 1-22  新建项目文件的结果

## 1.3  本章小结

本章主要介绍了视频处理的基础知识和 Adobe Premiere Pro CS5 的配置要求、安装和启动程序的方法。通过本章的学习，读者可以掌握最基本的视频编辑知识和程序安装方法，通过学习这些知识，可以方便后续关于 Adobe Premiere Pro CS5 程序的应用。

## 1.4  习题

**一、填充题**

（1）非线性编辑的工作流程基本分为_____、_____、_____、_____ 4 个步骤。

（2）MPEG 标准主要有_____、_____、_____、_____及_____ 5 个。

（3）Adobe Premiere Pro CS5 要求在_____系统上才能安装。

（4）为了顺利安装和使用 Adobe Premiere Pro CS5 程序，建议在安装程序的目标磁盘分区中预留不少于_____空间。

（5）启动 Adobe Premiere Pro CS5 程序后，随程序启动打开_____窗口。

**二、选择题**

（1）Adobe Premiere Pro CS5 是一个什么软件？（　　）

    A. 线性视频编辑软件　　　　　　　　B. 非线性视频编辑软件

    C. 办公软件　　　　　　　　　　　　D. 图像设计软件

（2）哪种视频格式是一种将影片的音频由 MP3 来压缩、视频由 MPEG-4 技术来压缩的数字多媒体压缩格式？（　　）

    A. AVI　　　　　　B. MPEG　　　　　　C. DivX　　　　　　D. F 4V

（3）Adobe Premiere Pro CS5 程序需要安装在什么样的系统上？（　　）

    A. 32 位系统　　　B. 18 位系统　　　C. 64 位系统　　　D. 128 位系统

# 第 2 章　Premiere Pro CS5 基础

### 教学提要

本章带领读者了解 Premiere Pro CS5 的操作界面和学习项目文件和素材的管理方法，为后续的应用奠定基础。

### 教学重点

- ➢ 了解 Premiere Pro CS5 程序操作界面
- ➢ 掌握 Premiere Pro CS5 的项目文件管理
- ➢ 掌握将素材导入项目文件并进行管理的方法
- ➢ 掌握新建各种不同项目分项素材的方法

## 2.1　操作界面

Premiere Pro CS5 的操作界面由标题栏、菜单栏和不同功能的窗口和面板组成。

### 2.1.1　标题栏

Premiere Pro CS5 的标题栏包括应用程序名和当前项目文件的路径和名称，以及针对窗口操作的【最大化】、【向下还原】、【最小化】和【关闭】按钮。

当窗口处于还原状态时，可以在标题栏位置按住鼠标左键，拖动调整窗口位置。将鼠标移动到窗口边缘，此时指针变成双向箭头形状，按住左键拖动可以调整窗口大小，如图 2-1 所示。

图 2-1　调整窗口大小

### 2.1.2　菜单栏

　　菜单栏位于 Premiere Pro CS5 程序窗口的正上方，它包括【文件】、【编辑】、【项目】、【素材】、【序列】、【标记】、【字幕】、【窗口】和【帮助】9 个菜单项。

　　菜单栏以级联的层次结构来组织各个命令，并以下拉菜单的形式逐级显示。各个菜单项下面分别有子菜单项，某些子菜单项还有下级选项，如图 2-2 所示。

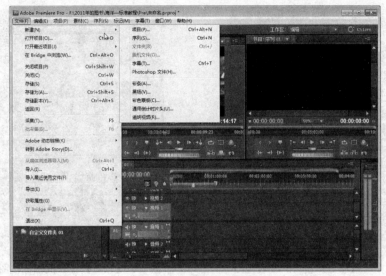

图 2-2　打开程序的菜单

### 2.1.3　欢迎窗口

　　默认情况下，启动 Premiere Pro CS5 时会打开一个欢迎窗口，通过它可以快速创建或打开项目文件，如图 2-3 所示。另外，可以通过欢迎窗口打开 Adobe 软件的帮助系统，如图 2-4 所示。

**提示：** 如果已经创建过项目文件，欢迎窗口则会显示【最近使用项目】栏，最近使用的项目文件将列在该栏上。

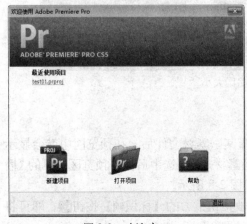

图 2-3　欢迎窗口

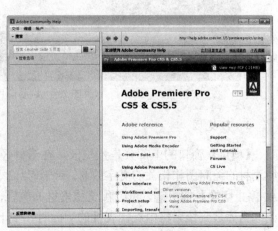

图 2-4　Adobe 软件帮助系统

## 2.1.4 【项目】窗口

　　【项目】窗口主要用于导入、存放和管理素材。编辑影片所用的全部素材应事先存放于项目窗口里，然后再调出使用。【项目】窗口的素材可以用列表和图标两种视图方式来显示，包括素材的缩略图、名称、格式、出入点等信息。也可以为素材分类、重命名或新建一些类型的素材，如图 2-5 和图 2-6 所示。

　　图 2-5　【项目】窗口的列表视图　　　　　图 2-6　【项目】窗口的图标视图

　　如果觉得在【项目】窗口中默认的图标过小，可以单击窗口右上角的█按钮，从打开的菜单中选择【缩略图】|【大】命令，扩大缩略图，如图 2-7 所示。

　　　　　　　　　　　图 2-7　调整窗口缩略图大小

### 1．预览区

　　【项目】窗口的上部分是预览区。在素材区选择某一素材文件后，在预览区中就会显示该素材的缩略图和相关的文字信息。对于影片、视频素材来说，选中后按下预览区左侧的【播放-停止切换】按钮█，可以预览该素材的内容，如图 2-8 所示。

　　当播放到该素材中有代表性的画面时，按下播放按钮上方的【标识帧】按钮█，即可将该画面作为该素材缩略图，便于用户识别和查找，如图 2-9 所示。

图 2-8 【播放-停止切换】按钮　　　　　　图 2-9 【标识帧】按钮

### 2．素材区

素材区位于【项目】窗口下半部分，主要用于排列当前编辑的项目文件中的所有素材，可以显示包括素材类别图标、素材名称、格式在内的相关信息。默认显示方式是列表方式，如果单击项目窗口下部的工具条中的【图标视图】按钮，素材将以缩略图方式显示。如果需要再切换到列表视图，则可以单击工具条中的【列表视图】按钮。

### 3．工具条

工具条位于【项目】窗口最下方，它提供了一些常用的功能按钮，如素材区的【列表视图】和【图标视图】显示方式图标按钮，还有【自动匹配到序列】、【查找】、【新建文件夹】、【新建分项】和【清除】等图标按钮。如图 2-10 所示为【新建文件夹】按钮。

当用户单击【新建分项】按钮后，就会弹出快捷菜单，可以在素材区中快速新建如【序列】、【脱机文件】、【字幕】、【彩条】、【黑场】、【彩色蒙版】、【通用倒计时片头】、【透明视频】等类型的素材，如图 2-11 所示。

图 2-10 【新建文件夹】按钮　　　　　　图 2-11 【新建分项】快捷菜单

4．查找素材

如果想要在【项目】窗口中查找导入的素材，可以单击【查找】按钮，然后通过弹出的【查找】对话框设置查找条件，并进行查找的操作，如图 2-12 所示。

图 2-12　查找素材

## 2.1.5　【素材源】窗口

【素材源】窗口主要用来预览或剪裁项目窗口中选中的某一原始素材。

【素材源】窗口上部分是素材名称。按下右上方的倒角三角按钮后会弹出快捷菜单，其中包括关于素材窗口的所有设置，可以根据项目的不同要求以及编辑的需求对素材源窗口进行模式选择。

【素材源】窗口中间部分是监视器。可以在【项目】窗口或【时间线】窗口中双击某个素材，也可以将【项目】面板中的某个视窗直接拖至素材源监视器中将它打开，如图 2-13 所示。

图 2-14　将素材加入【素材源】窗口

当多个素材加入到【素材源】窗口后，可以打开窗口【源】下拉列表框，选择不同的素材进行切换，如图 2-14 所示。

图 2-14　切换素材

【素材源】窗口监视器的下方分别是素材时间编辑滑块位置时间码、窗口比例选择、素材总长度时间码显示。底下是时间标尺、时间标尺缩放器及时间编辑滑块。【素材源】窗口下部分是素材源监视器的控制器及功能按钮。

## 2.1.6 【节目】窗口

【节目】窗口主要用来预览【时间线】窗口序列中已经编辑的素材（视频、图片、声音），也是最终输出影片效果的预览窗口。

【节目】窗口与【素材源】窗口很相似，其中各自的监视器很多地方都相同或相近。【节目】窗口的监视器控制器用来预览【时间线】窗口选中的序列，为其设置标记或指定入点和出点以确定添加或删除的部分帧。另外，还可以通过【选择缩放级别】菜单，选择监视器中画面的大小，如图 2-15 所示。

图 2-15 【节目】窗口

【节目】窗口右下方还有【提升】、【提取】、【导出单帧】按钮。其中【提升】、【提取】按钮用来删除序列选中的部分内容；而【导出单帧】按钮则用来导出序列中某帧的画面为图像文件，如图 2-16 所示。

图 2-16 导出单帧画面

### 2.1.7 【时间线】窗口

【时间线】窗口是以轨道的方式对视频和音频进行组接编辑的功能窗口，它相当于一个主线，把整个素材按照一定的条件组合起来，再添加一定的特技、转场，制作出优美的影片文件。【时间线】窗口分为上下两个区域，上方为时间显示区，下方为轨道区，如图 2-17 所示。

图 2-17 【时间线】窗口

#### 1. 时间显示区

时间显示区是【时间线】窗口工作的时间参考基准，在编辑影片时都会根据时间显示区指导编辑任务。

时间显示区包括时间标尺、时间编辑线滑块及工作区域。左上方的时间码显示的是时间编辑线滑块所处的位置。单击时间码可以输入时间，使时间编辑线滑块自动停到指定的时间位置。另外，也可以在时间栏中按住鼠标左键并水平拖动鼠标来改变时间，确定时间编辑线滑块的位置，如图 2-18 所示。

图 2-18 拖动鼠标来改变时间

在时间显示区的时间码下方有【吸附】、【设置 Encore 章节标记】和【设置未编号标记】三个按钮。

- 【吸附】按钮：默认被激活，当在时间线窗口轨道中移动素材片段的时候，可以使素材片段边缘自动吸引对齐。
- 【设置 Encore 章节标记】按钮：可以将时间编辑线滑块所在的时间点设置为 Encore 章节标记，以便播放时的跳转。
- 【设置未编号标记】按钮：可以将时间编辑线滑块所在的时间点设置为未编号标记，同时可以打开已设置标记的时间点的【标记】对话框，编辑标记属性，如图 2-19 所示。

时间标尺用于显示序列的时间，其时间单位以项目设置中的时基设置（一般为时间码）为准。时间标尺上的编辑线用于定义序列的时间，拖动时间线滑块可以在【节目】面板的监视窗口中浏览影片内容。

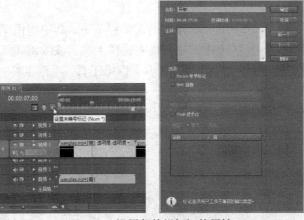

图 2-19　设置与编辑标记的属性

时间标尺上方的标尺缩放条工具和窗口下方的缩放滑块工具效果相同，都可以控制标尺精度，改变时间单位，如图 2-20 所示。

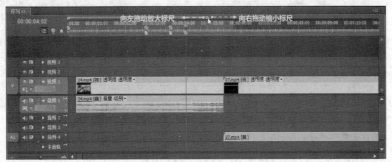

图 2-20　拖动标尺缩放滑块调整标尺

**2．轨道区**

轨道区是用来放置和编辑视频、音频素材的地方。可以对现有的轨道进行添加和删除操作，还可以将它们任意的锁定、隐藏、扩展和收缩。

在轨道的左侧是轨道控制面板，里面的按钮可以对轨道进行相关的控制设置。在默认的情况下，轨道区右侧上半部分是 3 条视频轨，下半部分是 3 条音频轨，其中【视频 1】轨道和【视频 2】轨道默认扩展，其实轨道都是折叠状态。如果想要扩展其他轨道，可以单击轨道名称左边的三角形按钮，如图 2-21 所示。

图 2-21　展开轨道

### 2.1.8 【工具】面板

【工具】面板位于 Premiere Pro CS5 程序的菜单栏下方，其中提供了多个方便用户进行视频与音频编辑工作的工具。包括选择工具、轨道选择工具、波纹编辑工具、滚动编辑工具、速率伸缩工具、剃刀工具、错落工具、滑动工具、钢笔工具、手形工具、缩放工具，如图 2-22 所示。其中各工具的作用如下：

图 2-22 【工具】面板

- **【选择工具】**：用来选择东西的，不过在有的时候它也会变为其他的形状，作用也随之改变。

- **【轨道选择工具】**：使用此工具可以选择该轨道上箭头以后的所有素材，视音频链接在一起的则音频同时也被选中；按住【Shift】键可以变为多轨道选择工具，此时单箭头变为双箭头，即使是单独的声音（比如音效、音乐等）也会被同时选中。

- **【波纹编辑工具】**：使用此工具可以改变一段素材的入点和出点，这段素材后面的会自动吸附上去，总长度发生改变。

- **【滚动编辑工具】**：用于改变前一个素材的出点和后一个素材的入点，且总长度保持不变；但当其作用于首尾素材时改变的是第一个素材的入点和最后一个素材的出点，总长度发生改变。

- **【速率伸缩工具】**：此工具用来对素材进行变速，可以制作出快放、慢放等效果。具体的变化数值会在素材的名称之后显示。

- **【剃刀工具】**：主要用来对素材进行裁切。当按住【Shift】键时，刀片变为两个，此时进行裁切的话，所有位于此线上的素材都会被切开，但锁定的不会被裁切。

- **【错落工具】**：作用于一段素材，用来同时改变此段素材的入点和出点。

- **【滑动工具】**：用于调整素材位置。举例说明：一个轨道上有三段素材 A、B、C，如果把此工具放在素材 A 上，向右滑动，可以看到变化的是素材 B 的入点，而素材 A 的入出点和总长度不变；然后把工具放在素材 C 上，左右滑动，改变的是素材 B 的出点，而素材 C 的入出点和总长度不变；最后把此工具放在素材 B 上，左右滑动，可以发现素材 A 的出点和素材 C 的入点发生变化，而素材 B 的入出点和总长度不变。

- **【钢笔工具】**：主要用来绘制形状。选中此工具，在需要的位置单击一下确定起点，直接点其他位置可以绘制直线, 而在点第二个点的同时按住鼠标不放并进行拖动可以绘制曲线; 它还有一个作用就是进行关键帧的选择。

- 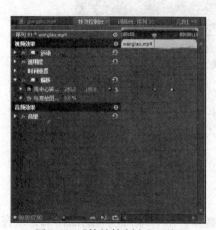【手形把握工具】: 主要用来对轨道进行拖动使用, 它不会改变任何素材在轨道上的位置。
- 【缩放工具】: 可以对整个轨道进行缩放, 如果想着重显示某一段素材, 可以选择此工具后进行框选, 这时会出现一个虚线框, 松开鼠标后此段素材就会被放大。

## 2.1.9 【特效控制台】面板

【特效控制台】面板的作用是设置素材和特效的参数, 以及添加关键帧。当为某一段素材添加了音频、视频特效之后, 就需要在【特效控制台】面板中进行相应的参数设置和操作, 如图 2-23 所示。可以单击特效项目后的【设置】按钮, 设置特效的属性选项, 如图 2-24 所示。

图 2-23　【特效控制台】面板

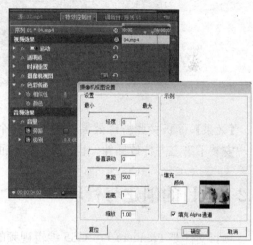

图 2-24　设置特效的属性选项

## 2.1.10 【调音台】面板

【调音台】面板主要用于完成对音频素材的各种加工和处理工作, 如混合音频轨道、调整各声道音量平衡或录音等。

调音台由若干个轨道音频控制器、主音频控制器和播放控制器组成, 如图 2-25 所示。每个控制器由控制按钮、调节杆调节音频。

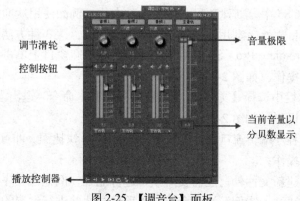

图 2-25　【调音台】面板

### 2.1.11 【效果】面板

【效果】面板里存放了 Premiere Pro CS5 程序自带的各种音频、视频特效和视频切换效果以及预置的效果，如图 2-26 所示。可以方便地为时间线窗口中的各种素材片段添加特效。

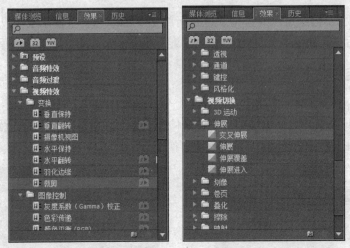

图 2-26 【效果】面板

【效果】面板按照特殊效果类别分为五个文件夹，而每一大类又细分为很多小类。如果用户安装了第三方特效插件，也会出现在该面板相应类别的文件夹下。

## 2.2 项目的创建与管理

项目文件是 Premiere Pro CS5 编辑视频的基本载体，所有编辑视频的操作都必须在项目文件下进行。

### 2.2.1 新建项目文件

对于 Premiere 来说，项目文件是一个项目的管理中心，它记录了一个项目的基本设置、素材信息（素材的媒体类型、物理地址、大小、每个素材片段的入点与出点以及素材帧尺寸的相关信息），项目文件还保存了使用【时间线】窗口来组织素材以及给素材添加的效果，如运动、过渡、视频音频滤镜、透明等。

在 Premiere Pro CS5 中，新建项目文件有多种方法，例如使用欢迎窗口新建项目文件、通过菜单命令新建项目文件、利用快捷键新建项目文件等，这 3 种方法的操作如下。

**方法 1** 打开 Premiere Pro CS5 应用程序，然后在欢迎窗口上单击【新建项目】按钮，即可开始新建项目的操作，如图 2-27 所示。

**方法 2** 在菜单栏中选择【文件】|【新建】|【项目】命令，退出当前编辑的项目文件，然后进行新建项目的操作，如图 2-28 所示。

**方法 3** 在当前程序编辑窗口中，按下【Ctrl+Alt+N】快捷键，即可退出当前编辑项目文件并进行新建项目的操作。

新建项目除了创建新文件外，还需要对项目进行配置，例如设置序列、设置轨道、设置编辑模式等。下面将通过一实例，详细介绍新建项目文件并进行配置的过程。

图 2-27  通过欢迎窗口新建项目文件

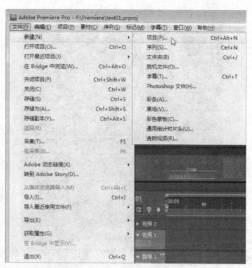

图 2-28  通过菜单新建项目文件

**上机实战  通过欢迎窗口新建项目**

*1*  启动 Premiere Pro CS5 应用程序，当打开欢迎窗口后可单击【新建项目】按钮，如图 2-29 所示。

*2*  打开【新建项目】对话框后，选择【常规】选项卡，然后设置各个常规选项，以及项目文件保存的位置和文件名称，如图 2-30 所示。

图 2-29  新建项目

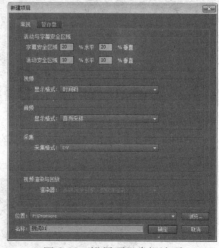

图 2-30  设置项目常规选项

*3*  选择【暂存盘】选项卡，然后在该选项卡中设置各个暂存盘选项，建议选择有足够磁盘空间的分区文件夹。设置完成后单击【确定】按钮，如图 2-31 所示。

*4*  此时打开【新建序列】对话框，选择【序列预置】选项卡，再通过【有效预设】列表框选择一种合适的预置序列，并设置序列的名称，如图 2-32 所示。

*5*  选择【常规】选项卡，选择适合序列所使用的编辑模式，然后分别设置【视频】、【音频】、【视频预览】等项目的属性，如图 2-33 所示。

*6*  选择【轨道】选项卡，可以在此选项卡中设置序列包含的轨道数（默认值为 3），接着设置音频轨道选项，最后单击【确定】按钮即可，如图 2-34 所示。

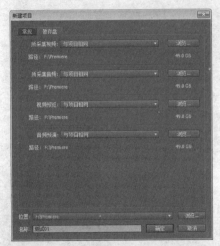

图 2-31 设置暂存盘选项

图 2-32 选择一种预设的序列

图 2-33 设置序列的常规选项

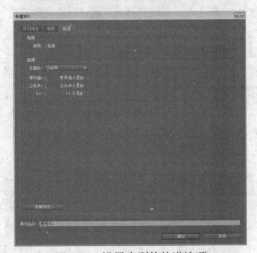

图 2-34 设置序列的轨道选项

完成上述操作后，即可新建一个保存序列设置、项目属性的项目文件，如图 2-35 所示。

图 2-35 新建项目文件的结果

### 2.2.2 存储项目文件

在项目编辑完成或告一段落后，可以将编辑的结果保存起来。

**1. 直接存储**

当需要存储项目文件时，可以选择【文件】|【存储】命令，或者按下【Ctrl+S】快捷键，这样项目文件就会存储在新建项目时设置的储存目录里，如图2-36 所示。

**2. 存储副本**

如果是为当前项目文件存储一个副本，以便后续恢复当前的编辑状态，那么可以选择【文件】|【存储副本】命令，将当前项目存储为一个副本文件，如图2-37 所示。

图 2-36　存储当前项目文件

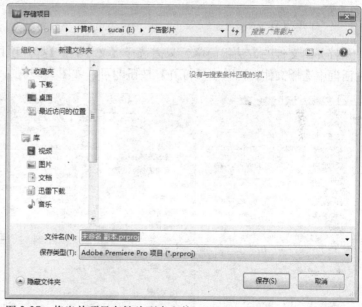

图 2-37　将当前项目存储为副本文件

### 2.2.3 另存项目文件

编辑项目文件后，若不想存储为副本也不想覆盖原来的文件，可以选择【文件】|【存储为】命令（或按下【Ctrl+Shift+S】快捷键），将文件保存成一个新文件，只需在【存储项目】对话框中更改文件的保存目录或变换其他名称即可，如图 2-38 所示。

### 2.2.4 打开旧项目文件

在保存项目文件后，可以在需要时通过 Premiere Pro CS5 程序再次打开该文件，查看其内容或对其进行编辑。

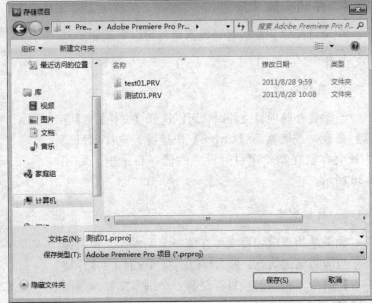

图 2-38　将项目存储为新文件

### 1. 打开项目

打开旧文件的方法很简单，只需选择【文件】|【打开项目】命令，通过【打开项目】对话框中选择文件，再单击【打开】按钮即可，如图 2-39 所示。

图 2-39　打开旧项目文件

### 2. 打开最近项目

如果要打开的文件是最近曾经编辑过的，可以打开【文件】|【打开最近项目】子菜单，在列表中选择需要打开的项目文件即可，如图 2-40 所示。

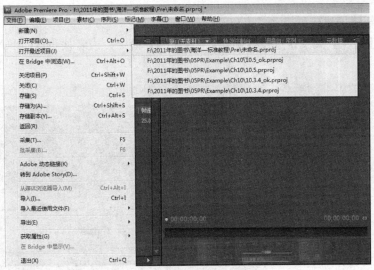

图 2-41　打开最近打开过的项目文件

## 2.2.5　关闭项目

在 Premiere Pro CS5 程序中，如果想要关闭操作界面的某个组件，可以选择该组件，然后选择【文件】|【关闭】命令。例如想要关闭【工具箱】面板时，选定工具箱，再执行【文件】|【关闭】命令即可，如图 2-41 所示。

图 2-41　关闭选定的组件

如果想要关闭当前项目文件，可以选择【文件】|【关闭项目】命令，此时程序会弹出提示对话框，提示是否保存项目文件，如图 2-43 所示。

图 2-42　关闭项目文件

## 2.2.6　新建序列

如果创建的项目文件没有序列，或者序列不适用，可以进入程序后创建新的序列。

**上机实战 新建项目序列**

*1* 打开【文件】菜单，选择【新建】|【序列】命令，或者按下【Ctrl+N】快捷键，如图 2-43 所示。

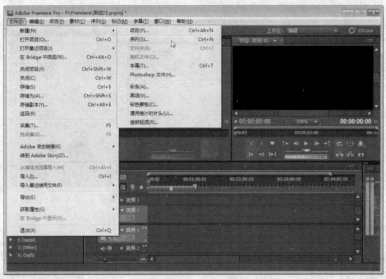

图 2-43 新建序列

*2* 此时打开【新建序列】对话框，选择【序列预设】选项卡，再打开预置的序列列表，选择一种合适的预置序列，如图 2-44 所示。

*3* 选择【常规】选项卡，然后设置序列的编辑模式和其他常规选项，如图 2-45 所示。

图 2-44 选择预设的序列

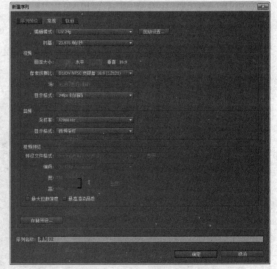

图 2-45 设置序列常规选项

*4* 选择【轨道】选项卡，设置视频的轨道数量，然后单击【确定】按钮，如图 2-46 所示。

*5* 新建的序列将显示在【时间线】窗口中，如图 2-47 所示。同时，在【项目】窗口中也可以看到新建的序列。

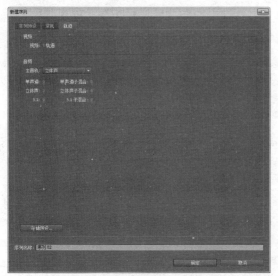

图 2-46　设置序列轨道选项

图 2-47　新建序列的结果

## 2.3　素材的导入与管理

对于 Premiere Pro CS5 来说，可以编辑的素材包括视频、音频、图片、图形等。这些素材都可以应用在影视作品的设计上。要使用素材，就需要先将素材导入项目，然后根据设计的需求进行一些管理操作。

### 2.3.1　导入素材

在 Premiere Pro CS5 程序中，导入素材的方法有下面 3 种。

**方法 1**　选择【文件】|【导入】命令，然后从【导入】对话框中选择素材文件，然后单击【打开】按钮即可，如图 2-48 所示。

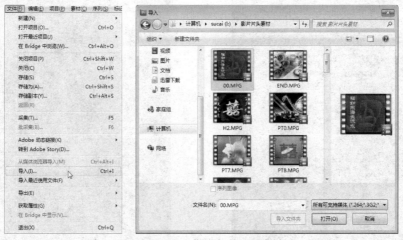

图 2-48　通过菜单命令导入素材

**方法 2**　在 Premiere Pro CS5 程序中按下【Ctrl+I】快捷键，从【导入】对话框中选择素材文件，然后单击【打开】按钮即可。

　　**方法 3**　在【项目】窗口的【素材区】中单击右键，选择【导入】命令，再从【导入】对话框中选择素材文件，然后单击【打开】按钮，如图 2-49 所示。

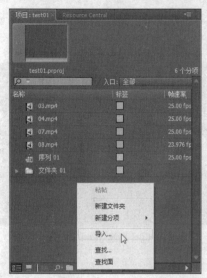

图 2-49　通过【项目】窗口导入素材

## 2.3.2　查看素材属性

　　当素材导入到 Premiere Por CS5 后会显示在【项目】窗口中。如果想要查看素材的属性，可以选择素材，然后通过【项目】窗口的预览区查看素材的基本属性。如图 2-50 所示，选择视频素材，即可查看到该素材的文件类型、尺寸、播放时长、播放速率（FPS）、声音属性等。

　　如果是项目中的序列，也可以通过【项目】窗口查看基本属性。如图 2-51 所示选择序列项目，然后在预览区中查看序列的属性。

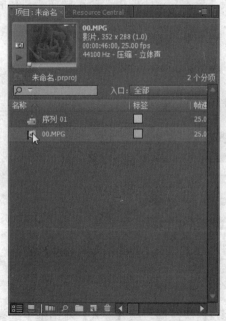

图 2-50　查看视频素材的属性　　　　　　图 2-51　查看序列的属性

### 2.3.3 预览素材

在【项目】窗口的预览区中，有一个监视器窗口，使用这个窗口可以预览素材。

如果导入素材后需要预览素材的效果，可以单击【播放-停止切换】按钮▶，直接在【项目】窗口的监视器中播放素材，如图 2-52 所示。若需要停止播放，可以再次单击【播放-停止切换】按钮▶，如图 2-53 所示。

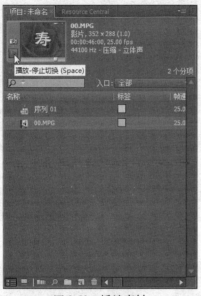

图 2-52　播放素材

图 2-53　停止播放

### 2.3.4 设置标识帧

在播放素材时，若需要将当前播放画面标识为时间线的帧，可以单击【窗口】监视器左侧的【标识帧】按钮，将当前播放时间点设置为标识帧，如图 2-54 所示。

### 2.3.5 使用素材文件夹

为了避免在使用上的麻烦，可以在【项目】窗口中新建文件夹，将不同类型、不同用途的素材归类起来，并放置在不同的文件夹中。

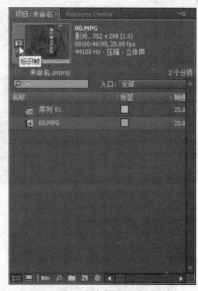

图 2-54　为素材设置标识帧

**上机实战　使用文件夹管理素材**

*1*　单击【项目】窗口下方的【新建文件夹】按钮，或者在【项目】窗口上单击右键并选择【新建文件夹】命令，新建一个文件夹，用于放置不同种类的素材，如图 2-55 所示。

*2*　新建文件夹后，输入文件夹的名称，然后按下【Enter】键确认命名，如图 2-56 所示。

*3*　按住【Ctrl】键并单击素材，选择需要放置到文件夹内的素材，然后将素材拖到新建

的文件夹上，如图 2-57 所示。素材移入文件夹后，即可单击文件夹展开文件夹素材列表，或者隐藏文件夹素材列表，如图 2-58 所示。

图 2-55　新建文件夹

图 2-56　命名文件夹

图 2-57　将素材移到文件夹内

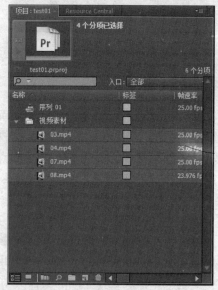

图 2-58　打开文件夹的素材列表

## 2.4　课堂实训

除了导入素材外，还可以通过 Premiere Pro CS5 程序新建字幕、彩条、倒计时片头、黑场、彩色蒙版、透明视频等素材。新建这些分项素材的方法都类似，只需在【项目】窗口的素材区中单击右键，然后在打开的快捷菜单中打开【新建分项】子菜单，并选择对应的命令设置素材属性即可，如图 2-59 所示。

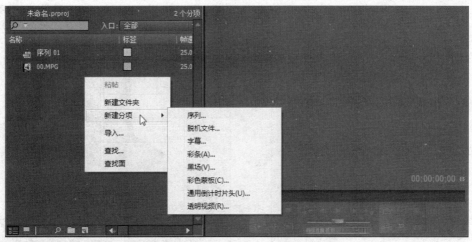

图 2-59　新建分项素材

　　在很多影视作品中，设计者常会给作品添加倒计时片头。为了方便用户应用倒计时片头设计影视作品，Premiere Pro CS5 程序提供了快速创建通用倒计时片头素材的功能。

**上机实战　新建通用倒计时片头素材**

　　**1**　打开【文件】菜单，然后选择【新建】|【通用倒计时片头】命令，或者在【项目】窗口中单击右键并选择【新建分项】|【通用倒计时片头】命令，如图 2-60 所示。

　　**2**　打开【通用倒计时】对话框后，设置视频选项和音频选项即可，如图 2-61 所示。

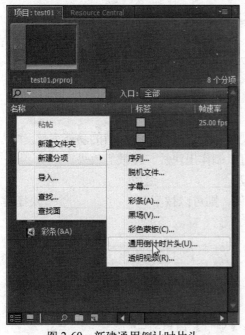

图 2-60　新建通用倒计时片头

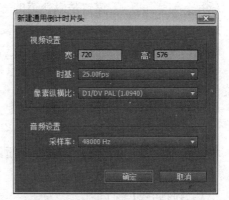

图 2-61　新建通用倒计时片头素材

　　**3**　新建通用倒计时片头素材时，程序会自动打开【通用倒计时片头设置】对话框，让用户设置片头素材的视频颜色、出现提示、音频提示等选项，如图 2-62 所示。完成后，可以通过【素材源】窗口预览片头的效果，如图 2-63 所示。

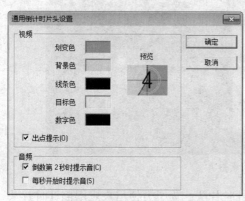

图 2-62  设置通用倒计时片头选项

图 2-63  预览片头的播放效果

## 2.5  本章小结

本章主要介绍了 Premiere Pro CS5 程序的操作界面，以及项目文件和素材的管理。其中包括新建项目文件、存储项目文件、新建序列、导入素材、查看素材属性、新建分项素材等内容。

## 2.6  习题

一、填充题

（1）Premiere Pro CS5 包含了_____、_____、_____、_____、_____、_____、_____、_____九个主菜单。

（2）_____窗口是以轨道的方式对视频和音频进行组接编辑的功能窗口。

（3）_____用来对素材进行变速，可以制作出快放、慢放等效果。

（4）轨道控制器由_____、_____及_____组成。

（5）若不想存储为副本也不想覆盖原来的文件，则可以按下_____快捷键，将文件保存成一个新文件。

二、选择题

（1）哪个窗口主要用来预览或剪裁项目窗口中选中的某一原始素材？　　　　（　　）

　　A.【素材源】窗口　　　　　　　　　　B.【节目】窗口

　　C.【时间线】窗口　　　　　　　　　　D.【项目】窗口

（2）在程序编辑窗口中，按下哪个快捷键，即可进行新建项目的操作？　　　（　　）

　　A. Ctrl+N　　　　　　B. Ctrl+Alt+N　　　　C. Ctrl+Alt+O　　　　D. Ctrl+T

（3）Adobe Premiere Pro CS5 不可以新建哪种分项素材？　　　　　　　　　（　　）

　　A. 字幕　　　　　　B. 彩条　　　　　　C. 图片　　　　　　　D. 透明视频

三、操作题

　　要求读者将准备好的素材导入到【项目】窗口，然后将素材加入到【素材源】窗口预览效果，如图 2-64 所示。本章实训题所应用到的视频素材可以从本书光盘"..\Example\Ch02"文件夹中获得。

图 2-64　导入素材并预览效果

**操作提示：**

　　（1）选择【文件】｜【导入】命令，然后从【导入】对话框中选择素材文件，然后单击【打开】按钮即可。

　　（2）将导入到【项目】面板的素材直接拖至【素材源】窗口监视器。

　　（3）单击【素材源】窗口的【播放-停止切换】按钮，播放素材。

# 第 3 章　从 DV 中采集视频素材

## 教学提要

本章通过详细介绍安装 IEEE 1394 卡和使用 Premiere Pro CS5 程序采集连接在 IEEE 1394 接口上的 DV 视频的方法，让读者掌握采集视频的各种知识和实际操作方法。

## 教学重点

➢ 了解通过 Premiere Pro CS5 采集视频的基本知识
➢ 掌握自动采集 DV 视频的方法
➢ 掌握手动采集 DV 视频的方法
➢ 掌握批量采集 DV 视频的方法

## 3.1　Premiere Pro 的采集准备

Premiere Pro CS5 除了提供专业的视频编辑功能外，还提供了实用的视频采集功能，可以高质量地采集 DV（泛指摄像机）的模拟信号和数字信号。

在进行采集前，首先要将采集设备安装到电脑上，例如将常用的采集设备 IEEE 1394 卡安装好，然后使用连接线将 DV 的 IEEE 1394 接口与电脑的 IEEE 1394 卡接口连接，即可进行采集的工作。如图 3-1 所示为 IEEE 1394 采集卡与 DV 机。

图 3-1　DV 与采集设备

### 3.1.1　关于采集视频

使用视频采集卡或 IEEE 1394 卡采集 DV 机的模拟信号视频和数字信号视频的方式和操作过程都是一样的，只是在采集时的设置略有不同。

目前，大多数家用 DV 爱好者都会使用 IEEE 1394 卡（如图 3-2 所示）来采集 DV 视频，这是因为用视频捕捉卡要求操作人员有相关的使用经验，需要更加专业的知识。而使用 IEEE

1394 卡来采集的话，则相对简单得多。如图 3-3 所示为 DV 机的 1394 接口。

> **提示：** 采集视频并非要求一定使用 IEEE 1394 卡，但使用视频采集卡时需要考虑采集卡提供支持的视频压缩格式。因为很多一般的视频采集卡是经过压缩的，而 Premiere Pro 并非能编辑所有的压缩视频。而通过 IEEE 1394 卡采集视频的时候则不用选择硬件支持的视频压缩格式，因为通过 IEEE 1394 卡采集的视频，是没有经过压缩的。这也是很多 DV 爱好者喜欢使用 IEEE 1394 卡采集视频的原因之一。
>
> IEEE 1394，别名火线（FireWire）接口，是由苹果公司领导的开发联盟开发的一种高速度传送接口，数据传输率一般为 800Mbps。IEEE 1394 接口主要用于视频的采集，在高端主板与数码摄像机（DV）上可见。
>
> 另外，IEEE 1394 也可以认为是一种外部串行总线标准，作为一种数据传输的开放式技术标准，IEEE 1394 被应用在众多的领域，包括数码摄像机、高速外接硬盘、打印机和扫描仪等多种设备。

图 3-2　IEEE 1394 卡

图 3-3　DV 中的 IEEE 1394 接口

### 3.1.2　IEEE 1394 接口

　　IEEE 1394 有两种接口标准：6 针标准接口和 4 针小型接口，如图 3-4 所示。苹果公司最早开发的 IEEE1394 接口是 6 针的，后来 SONY 公司将 6 针接口进行改良，重新设计成为 4 针接口，并且命名为 iLINK。

　　（1）6 针标准接口中 2 针用于向连接的外部设备提供 8-30 伏的电压，以及最大 1.5 安培的供电，另外 4 针用于数据信号传输，如图 3-5 所示。

　　（2）4 针小型接口的 4 针都用于数据信号传输，无电源，如图 3-6 所示。

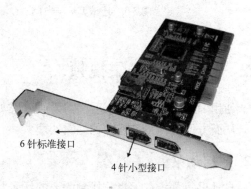

6 针标准接口

4 针小型接口

图 3-4　IEEE 1394 的接口

图 3-5　IEEE 1394 的 6 针连接线

图 3-6　IEEE 1394 的 4 针连接线

### 3.1.3　将 DV 与电脑 IEEE 1394 卡连接

如果模拟 DV 机（这种机通常使用磁带保存视频）没有 USB 接口只有 IEEE 1394 接口，则需要电脑也安装 IEEE 1394 卡，然后使用 IEEE 1394 连线将 DV 与电脑连接，并通过视频编辑软件将 DV 的视频采集并保存在电脑上。另外，不但是模拟 DV 机可以使用这种方法进行视频采集，数字 DV 机也可以使用这种方法对 DV 存储器上的视频进行采集。

因此，如果 DV 和 HDV 要捕捉、导出到磁带，并传输到 DV 设备上，则需要 OHCI 兼容的 IEEE 1394 端口或 IEEE 1394 采集卡。

要将 DV 连接电脑，首先找到 DV 的 IEEE 1394 接口（通常标记为 DV 接口），然后插入连接线，再将连接线插入电脑 IEEE 1394 卡的接口中即可，如图 3-7 所示。

此时系统会自动检测连接的外部设备，当连接成功后，播放 DV 机的视频，系统会弹出【自动播放】对话框，如图 3-8 所示。此时单击【编辑并录制视频】按钮，就可以通过 Premiere Pro CS5 采集视频了。

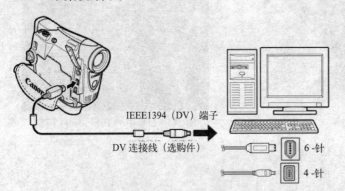

图 3-7　连接 DV 与电脑

图 3-8　DV 正确连接电脑

## 3.2　从 DV 中采集视频

使用 DV 机拍摄到视频后，需要通过采集才可以将视频转换为电脑上常用格式的视频文件，从而方便对视频进行各种编辑处理。

### 3.2.1　自动采集

自动采集是指在采集前找到需要的场景片段作为开始采集的点，然后直接通过配置对该点后的所有视频都进行自动采集。这种采集方式通常用于将 DV 中的视频不加选择地采集到电脑上，当需要停止采集时，单击停止【录制】按钮，或直接按下【Esc】键即可。

### 上机实战 自动采集视频

*1* 启动 Premiere Pro CS5 程序，打开【文件】菜单，再选择【采集】命令，或者直接按下【F5】功能键，如图 3-9 所示。

*2* 打开【采集】窗口后，选择右侧的【记录】选项卡，设置采集选项为【音频和视频】，即可将影像和声音到一并采集，如图 3-10 所示。

图 3-9 打开【采集】窗口

图 3-10 设置采集选项

> **提示：** 如果选择了【音频和视频】就是同时采集音频信息和视频信息；若选择【视频】或【音频】选项，则是只采集视频或者只采集音频。
>
> 另外，【记录素材到】选项是用来设置将采集的内容存放到当前项目文件的文件夹下面，以便可以方便应用采集的素材。

*3* 设置素材的数据信息，例如磁带名、素材名、场景、记录注释等，如图 3-11 所示。

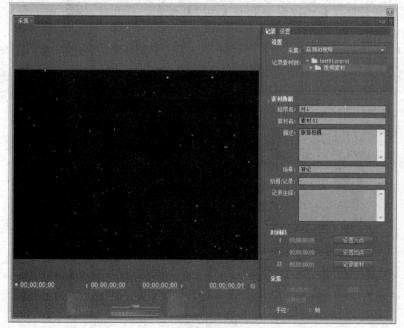

图 3-11 设置素材数据信息

**4** 选择【设置】选项卡，然后单击【编辑】按钮，打开【采集设置】对话框后，选择采集的格式，可选【DV】和【HDV】选项，如图 3-12 所示。设置后单击【确定】按钮即可。

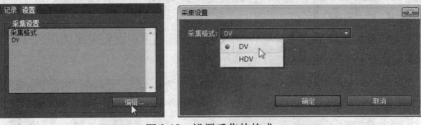

图 3-12  设置采集的格式

**5** 在【设置】选项卡中设置采集位置，并选择设备控制器，同时设置预卷时间和时间码偏移，如图 3-13 所示。

图 3-13  设置采集位置和设备控制器

> **提示：**【预卷时间】选项：设置在连接到 DV 后，直接连接到连接处的下几秒画面的素材，具体的时间值是在【预卷时间】后面的文本框中设置的数值（单位为秒）。
>
> 【时间码偏移】选项：设置连接到 DV 后时间码顺时间偏移的长度。

**6** 在【设备控制器】选项框中单击【选项】按钮，打开设置对话框，在此需要设置合适的视频制式和设备品牌。国内使用 PAL 制式，所以应该选择【PAL】选项，另外根据自己的 DV 设备选择合适的设备品牌选项，最后单击【确定】按钮即可，如图 3-14 所示。

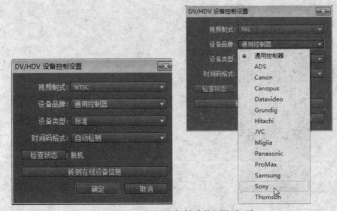

图 3-14  更改设备控制设置选项

**7** 完成上述设置后，单击【采集】窗口的【磁带】按钮，让程序自动采集 DV 上的视频内容，如图 3-15 所示。

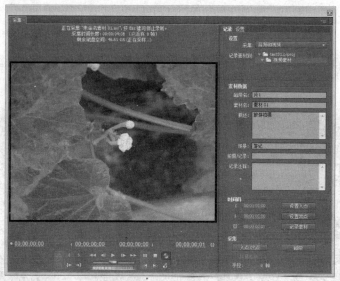

图 3-15 开始采集 DV 视频

## 3.2.2 手动采集

在使用 DV 拍摄时，难免会拍摄到一些无用场景，如果使用自动采集的方法，就会将这些无用场景采集到。因此，为了避免采集到无用场景，可以使用手动的方式进行采集。

首先通过播放控制器搜索到有用的场景片段，并在该场景的开始处设置入点，此时程序会将这一点在 DV 磁带上的位置记忆住。接着使用相同的方法搜索到场景片段结束的位置，再设置出点，这样就可以让程序将入点与出点这一段片段的视频采集下来。重复这个操作，就可以将所有有用的场景片段进行采集并保存。

**上机实战 手动采集视频**

*1* 打开【文件】菜单，选择【采集】命令，打开【采集】窗口后，使用鼠标向右拖动时间码选择需要采集的场景，如图 3-16 所示。

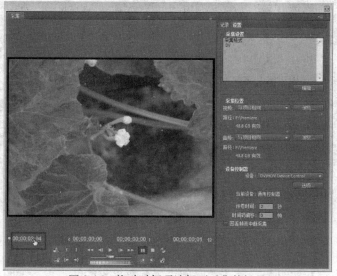

图 3-16 拖动时间码选择要采集的场景

---

**提示：** 拖动时间码可让播放快进和快退，这是检视场景的常用方法。

---

**2** 选择要采集的场景后，将时间码调整到场景的开始处，然后单击播放控制器上的【设置入点】按钮 ，将当前时间设置为要采集的起点，如图 3-17 所示。

图 3-17 设置视频的入点

**3** 使用鼠标拖动监视器窗口右下角的时间码，选择要结束采集的场景点，如图 3-18 所示。

图 3-18 拖动时间码选择要结束采集的场景

**4** 选择到要结束采集的场景后，将时间码调整到对应的场景时间点，然后单击播放控制器上的【设置出点】按钮 ，将当前时间设置为要采集的结束点，如图 3-19 所示。

图 3-19　设置视频的出点

　　**5**　设置视频的入点和出点后，单击【入点/出点】按钮将入点到出点之间的视频片段采集下来，如图 3-20 所示。

图 3-20　采集入点与出点之间的视频片段

### 3.2.3　批量采集

　　手动采集的方法虽然可以避免采集无用的场景，但是需要逐一来采集入点和出点之间的视频，这样会耗费较多的时间。为了方便采集并且不会采集到无用场景，可以使用批量采集的方法。

　　批量采集的方法也同样需要设置入点和出点，但不同的是当找到入点和出点进行设置后，可以再单击【记录素材】按钮，让电脑暂不进行采集，而是在 Premiere Pro 主界面的项目素材列表里添加一条脱机的空的素材文件条目。使用这个方法逐条搜索并记忆其他片段的入点和出点。等搜索并记忆这盘磁带上的所有片段后，返回 Premiere Pro 的主界面的素材列表里选中全部脱机素材文件，再执行批量采集即可。

### 上机实战　批量采集视频

*1*　打开【文件】菜单，选择【采集】命令，打开【采集】窗口后，选择【记录】选项卡，然后在【时间码】框内拖动时间码，并单击【设置入点】按钮，设置采集视频的入点，如图 3-21 所示。

*2*　使用相同的方法，拖动入点项的时间码，选择要结束采集的场景（拖动时间码时，可通过监视器窗口查看视频），再单击【设置出点】按钮，如图 3-22 所示。

图 3-21　设置入点

图 3-22　设置出点

*3*　设置入点和出点后，单击【记录素材】按钮，以将入点和出点的设置保存为一个脱机素材文件，如图 3-23 所示。

图 3-23　单击【记录素材】按钮

4　打开【新建脱机文件】对话框后，设置各个视频选项和音频选项，然后单击【确定】按钮，如图 3-24 所示。

5　使用相同的方法为视频设置其他需要采集的片段，并新建为脱机文件，接着关闭【采集】窗口。此时可以通过【项目】窗口查看到新建的脱机文件，如图 3-25 所示。

6　打开【文件】菜单，然后选择【批采集】命令，或者按下【F6】功能键，执行批量采集视频的操作，如图 3-26 所示。

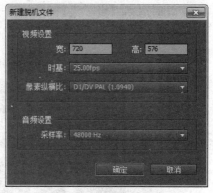

图 3-24　新建脱机文件

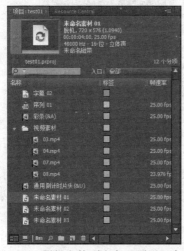

图 3-25　脱机文件列出在【项目】窗口

图 3-26　执行批采集命令

7　打开【批采集】对话框后，可以维持默认的设置进行采集，也可以选择【忽略采集设置】复选框，然后单击【编辑】按钮，重新设置采集格式，如图 3-27 所示。

提示：采集到电脑中的视频文件体积是非常大的，如果画面大小是 720×576 的话，一分钟的视频大约有 214MB。保存视频的硬盘的文件系统一定要是 NTFS，如果是 FAT32，一个文件的大小不允许超过 4GB，也就是说采集的一个场景片段的长度超过 18 分钟的话，就会提示硬盘空间不够了。

图 3-27　编辑忽略采集设置

8 此时返回【批采集】对话框，然后单击【确定】按钮，即可让程序进行批采集的工作了，如图 3-28 所示。

图 3-28 程序进行批采集的工作

提示：设置入点和出点的时候，可以先暂停正在预览的画面，然后通过播放控制器的【逐帧退】按钮◀和【逐帧进】按钮▶使画面逐帧的返回或前进到想要进行采集的地方。

## 3.3 课堂实训

本例将通过 IEEE 1394 接口和连接线连接 DV 和电脑，然后通过 Premiere Pro CS5 设置视频的入点和出点，以批量采集的方式将 DV 拍摄到的烟花燃烧视频中有用的场景采集并保存到电脑上。

**上机实战 采集结婚视频**

1 正确连接 DV 与电脑，此时在桌面的任务栏中显示成功安装设备驱动程序的提示，如图 3-29 所示。

2 选择【文件】│【采集】命令，打开【采集】窗口后选择【记录】选项卡，再选择采集的类型为【音频和视频】，接着设置素材数据信息，如图 3-30 所示。

3 选择【设置】选项卡，然后单击【编辑】按钮，打开【采集设置】对话框后，选择采集的格式为【HDV】，最后单击【确定】按钮，如图 3-31 所示。

图 3-29 连接 DV 与电脑

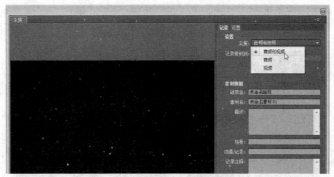

图 3-30　设置采集的类型

图 3-31　设置采集的格式

**4**　此时指定采集位置，再选择设备并单击【选项】按钮，然后通过【DV/HDV 设备控制设置】对话框设置设备控制器选项，如图 3-32 所示。

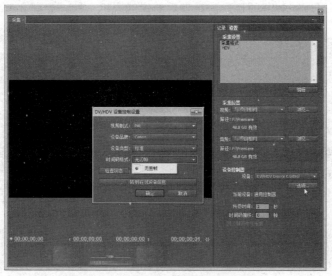

图 3-32　设置采集位置和设备控制器

5　此时在设置入点的时间码上拖动鼠标，寻找需要采集场景的开始时间，找到后单击【设置入点】按钮，如图 3-33 所示。

图 3-33　设置入点

6　在设置出点的时间码上拖动鼠标，寻找结束采集的时间点，找到后单击【设置出点】按钮，如图 3-34 所示。

图 3-34　设置出点

7　设置入点和出点后，单击【记录素材】按钮，然后在打开的【新建脱机文件】对话框中设置视频和音频选项，再单击【确定】按钮，如图 3-35 所示。

8　使用相同的方法为视频设置其他需要采集的片段，并新建为脱机文件，接着关闭【采集】窗口。此时可以返回到【项目】窗口查看新建的脱机文件，如图 3-36 所示。

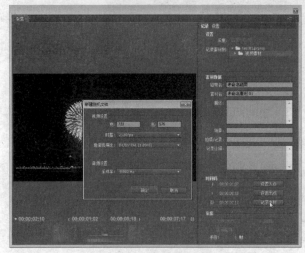

图 3-35　新建脱机文件

图 3-36　新建其他脱机文件

　　*9*　打开【文件】菜单，然后选择【批采集】命令，打开【批采集】对话框后，维持默认的设置进行采集，单击【确定】按钮，如图 3-37 所示。

　　*10*　此时程序将会按照脱机文件所设置的入点和出点，采集 DV 视频中对应的片段，如图 3-38 所示。

图 3-37　设置批采集选项　　　　　　　　　图 3-38　执行批采集的工作

## 3.4　本章小结

　　本章主要介绍了使用 Premiere Pro CS5 程序并配合 IEEE 1394 卡对 DV 拍摄的视频进行采集的方法。其中包括自动采集、手动采集和批量采集 3 种采集方法。

## 3.5　习题

### 一、填充题

　　（1）IEEE 1394 有两种接口标准＿＿＿＿＿＿和＿＿＿＿＿＿。

　　（2）在设置采集方式时，如果选择了＿＿＿＿＿＿选项就是同时采集声音信息和视频信息。

　　（3）在【采集】窗口中，＿＿＿＿＿＿选项是用来设置将采集的内容存放到当前项目文件的文件夹下面，以便可以方便应用采集的素材。

　　（4）在采集设置时，＿＿＿＿＿＿选项的作用是设置连接到 DV 后时间码顺时间偏移的长度。

二、选择题

(1) 按下什么快捷键，可以打开【采集】窗口？　　　　　　　　　　　　　（　　）
　　A. Ctrl+F1　　　　　　B. Ctrl+F5　　　　　C. F5　　　　　　D. Shift+F5
(2) 国内目前使用的广播制式是下面哪个？　　　　　　　　　　　　　　　（　　）
　　A. NTSC　　　　　　　B. PAL　　　　　　　C. ALT　　　　　D. OEM
(3) 按下哪个快捷键，可以执行【批采集】命令？　　　　　　　　　　　　（　　）
　　A. Ctrl+ 9　　　　　　B. Ctrl+F7　　　　　C. F5　　　　　　D. F6
(4) 采集时保存的脱机文件，可以通过哪个窗口可以查看到？　　　　　　　（　　）
　　A.【时间线】窗口　　　　　　　　　　　B.【节目】窗口
　　C.【素材源】窗口　　　　　　　　　　　D.【项目】窗口

三、操作题

将 DV 与电脑连接，然后通过 Premiere Pro CS5 程序并使用手动采集的方法将 DV 拍摄的视频执行手动采集，从而巩固采集 DV 视频的学习成果。

**操作提示：**

(1) 打开【文件】菜单，选择【采集】命令，打开【采集】窗口后，使用鼠标拖动时间码选择需要采集的场景。

(2) 选择要采集的场景后，将时间码调整到场景的开始处，然后单击播放控制器上的【设置入点】按钮，将当前时间设置为要采集的起点。

(3) 使用鼠标拖动监视器窗口右下角的时间码，选择要结束采集的场景点。

(4) 选择到要结束采集的场景后，将时间码调整到对应的场景时间点，然后单击播放控制器上的【设置出点】按钮，将当前时间设置为要采集的结束点。

(5) 设置视频的入点和出点后，即可单击【入点/出点】按钮，将入点到出点之间的视频片段采集下来。

# 第4章　素材的设置、应用和编辑

## 教学提要

　　素材可以通过不同的途径获得，例如从 DV 中采集、从网上下载、自己制作等。当准备好素材后，就需要将素材导入 Premiere Pro CS5 程序的项目中，并将素材加入到序列的轨道上应用这些素材。另外，在应用素材过程中，还可以根据创作的需要适当编辑素材，例如修剪多余部分、调整播放速率等。本章将详细讲解素材导入、应用和编辑的各种方法。

## 教学重点

➢ 掌握导入与预览素材的方法
➢ 掌握设置素材入点和出点，以及标识的方法
➢ 掌握多种将素材插入序列的方法
➢ 掌握编辑素材的方法和相关技巧

## 4.1　预览与管理导入素材

　　要想使用素材制作影视作品，首先需要将素材导入到项目，然后通过【素材源】窗口预览素材，并对素材进行简单的管理，以便可以将素材中有用的部分应用到作品上。

### 4.1.1　预览素材

　　【素材源】窗口是一个预览和管理素材的窗口。如果在【项目】窗口上播放素材并不能清楚观看素材的话，可以将素材拖到【素材源】窗口，通过【素材源】窗口的控制面板播放或暂停素材。

### 上机实战　将素材加入【素材源】窗口并预览素材

　　*1*　打开光盘中的"..\Example\Ch04\4.1.1.prproj"练习文件，然后在【项目】面板上单击右键并选择【导入素材】命令，如图 4-1 所示。

　　*2*　打开【导入】窗口后，选择需要导入的视频素材，然后单击【打开】按钮，将素材导入到【项目】窗口内，如图 4-2 所示。

　　*3*　此时在【项目】窗口中按住【Ctrl】键，选择步骤 2 导入的两个视频素材，然后将素材拖到【素材源】窗口，如图 4-3 所示。

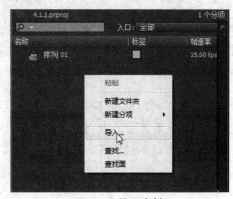

图 4-1　导入素材

4 将素材加入【素材源】窗口后，可以单击窗口下方播放控制器上的【播放-停止切换】按钮 ▶，播放素材以便预览视频内容，如图4-4所示。

图 4-2　导入选定的素材

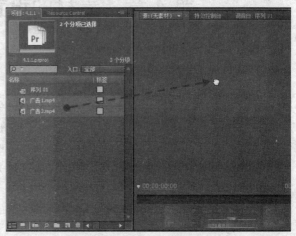

图 4-3　将素材加入【素材源】窗口

5 多个素材导入【素材源】窗口后，当需要切换其他素材时，可以打开窗口左上方的【源】列表框，然后选择需要查看的素材，如图4-5所示。

图 4-4　播放素材以便预览素材内容

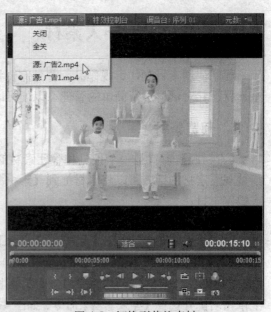

图 4-5　切换到其他素材

6 除了可以通过【播放-停止切换】按钮 ▶ 预览素材外，还可以拖动播放指针控点（蓝色），快速查看素材的内容，如图4-6所示，

7 在默认的情况下，【素材源】窗口的监视器以【适合】的方式显示素材，也可以打开显示列表框，选择不同比例选项来让改变素材的显示方式，如图4-7所示。

图 4-6　拖动播放指针控点预览素材

图 4-7　调整素材的显示比例

## 4.1.2　设置入点与出点

素材的入点和出点是指素材起始播放点和结束播放点。设置素材的入点和出点，可以有效地选用素材，将无用的素材剔除。

**上机实战　设置素材入点与出点**

*1*　打开光盘中的"..\Example\Ch04\4.1.2.prproj"练习文件，然后将【项目】窗口的视频素材加入到【素材源】窗口，如图 4-8 所示。

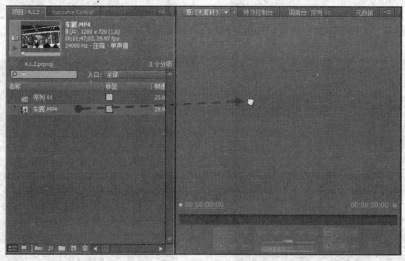

图 4-8　将素材加入【素材源】窗口并切换素材

*2*　将素材加入【素材源】窗口后，可以预览素材，也可以拖动播放指针，寻找要设置为入点的时间点，如图 4-9 所示。

**3** 找到合适的播放点后，单击播放器面板上的【设置入点】按钮 ，将当前画面的时间点设置为入点，如图 4-10 所示。

**4** 拖动播放指针控点到播放轴右端，然后单击播放器面板上的【设置出点】按钮 ，将当前画面的时间点设置为出点，如图 4-11 所示。

**5** 设置入点和出点后，可以单击【跳转到入点】按钮 ，让播放指针跳到素材入点处，如图 4-12 所示。

**6** 此时可以单击【播放入点到出点】按钮 ，只播放素材的入点到出点这一个片段，以便查看该段素材的内容，如图 4-13 所示。

图 4-9 拖动播放指针控点寻找到视频合适的播放点

图 4-10 设置素材的入点

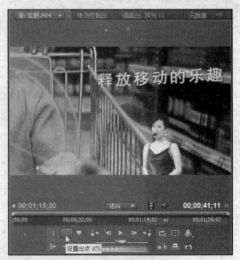

图 4-11 设置素材的出点

图 4-12 跳转到入点

图 4-13 播放入点到出点的素材

**提示：** 如果想要清除设置的入点与出点，可以通过下面两个方法来实现，如图 4-14 所示：

**方法 1**　打开【标记】菜单，选择【清除素材标记】|【入点和出点】命令。

**方法 2**　在【素材源】面板上单击右键，并从打开的菜单中选择【清除素材标记】|【入点和出点】命令。

图 4-14　清除设置的入点和出点

### 4.1.3　设置与清除标记

标记的作用是为素材的某个播放点设置一个记号，方便用户直接跳到素材标记的时间点进行相关操作。当不需要标记时，可以清除已经设置的标记。

**上机实战　设置与清除素材的标记**

*1*　打开光盘中的 "..\Example\Ch04\4.1.3.prproj" 练习文件，然后将【项目】窗口的视频素材加入到【素材源】窗口，如图 4-15 所示。

图 4-15　将素材加入【素材源】窗口

**2** 单击【素材源】窗口播放控制面板的【播放-停止切换】按钮 ▶，预览素材的内容，如图 4-16 所示。

**3** 当播放到某个位置时，可以单击【播放-停止切换】按钮 ▣ 暂停播放，然后单击【设置未编号标记】按钮 ▣，为当前时间点设置标记，如图 4-17 所示。

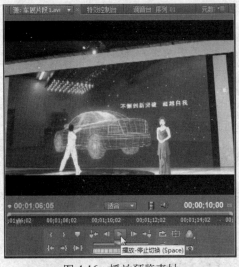

图 4-16　播放预览素材　　　　　　　　　　图 4-17　设置未编号标记

**4** 继续播放素材，播放到需要设置标记的位置时，单击【设置未编号标记】按钮 ▣，添加一个未编号的标记，如图 4-18 所示。

**5** 当需要返回到前一个标记处查看素材的话，可以单击【跳转到前一标记】按钮 ▣，如图 4-19 所示。

图 4-18　设置其他为标号标记　　　　　　　图 4-19　跳转到前一标记

**6** 当需要跳转到后一个标记处查看素材时，可以单击【跳转到下一标记】按钮 ▣，如图 4-20 所示。

**7** 当需要清除标记时，可以在【素材源】窗口的控制面板上单击右键，并选择【清除素材标记】|【全部标记】命令即可，如图 4-21 所示。

图 4-20　跳转到下一标记

图 4-21　清除全部标记

### 4.1.4　应用【导出单帧】功能

在【素材源】窗口的控制面板中的【导出单帧】功能，用于导出素材的一个帧。使用此功能，可以将【素材源】窗口监视器中的当前画面导出为图像。

**上机实战　应用【导出单帧】功能**

*1*　打开光盘中的"..\Example\Ch04\4.1.4.prproj"练习文件，然后将【项目】窗口的【广告 1.mp4】视频素材加入到【素材源】窗口，如图 4-22 所示。

图 4-22　将素材加入【素材源】窗口

*2*　在【素材源】窗口的播放轴上拖动播放指针控点，选择需要导出的画面，如图 4-23 所示。

*3*　选定要导出的画面后，单击【导出单帧】按钮 ，将当前画面导出，如图 4-24 所示。

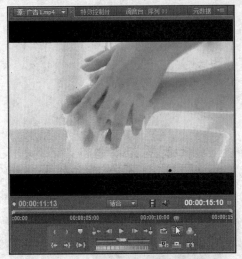
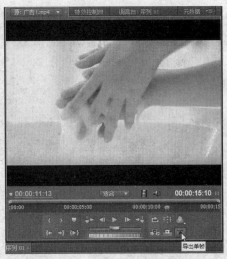

图4-23 选择需要导出的画面　　　　图4-24 导出当前画面

**4** 打开【导出单帧】对话框后设置文件的名称，再选择文件的格式，接着单击【浏览】按钮指定保存文件的位置，单击【确定】按钮，如图4-25所示。

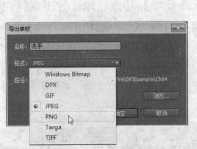

图4-25 设置图像文件的名称、格式和保存位置

**5** 导出当前素材画面为图像后，可以进入保存图像的文件夹，查看保存图像的结果，如图4-26所示。

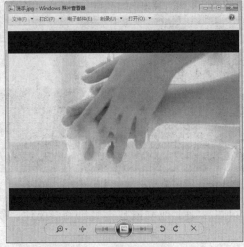

图4-26 查看保存图像的结果

## 4.2　将素材添加到项目序列

要将素材应用到项目中，必须将素材插入到项目的序列中，也就是将素材添加到时间线序列的轨道上作为组成项目的内容。

### 4.2.1　以插入方式添加素材

在 Premiere Pro CS5 中，可以通过插入和覆盖的方式将素材加入到序列中。以插入方式添加素材是指将素材插入到序列中指定轨道的某一位置，序列从此位置被分开，后面插入的素材会被移到序列已有素材的出点后，此方式类似于电影胶片的剪接。

**上机实战　以插入方式将素材添加到序列**

*1*　打开光盘中的 "..\Example\Ch04\4.2.1.prproj" 练习文件，然后将【项目】窗口的【广告 1.mp4】视频素材加入到【素材源】窗口，如图 4-27 所示。

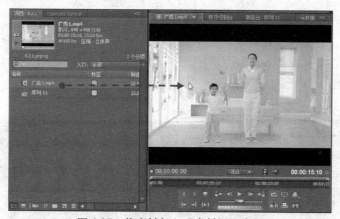

图 4-27　将素材加入【素材源】窗口

*2*　在【素材源】窗口的控制条中拖动播放控制点，为素材设置入点和出点，如图 4-28 所示。

*3*　单击【素材源】窗口控制面板上的【插入】按钮 ，将【素材源】窗口中当前的素材以插入方式添加到序列上，如图 4-29 所示。

图 4-28　设置素材的入点和出点

图 4-29　以插入方式将素材加入序列

**4** 在素材加入到序列的轨道上后，可以在【工具箱】面板上单击【移动工具】按钮，按住素材移动调整素材在轨道上的位置，如图 4-30 所示。

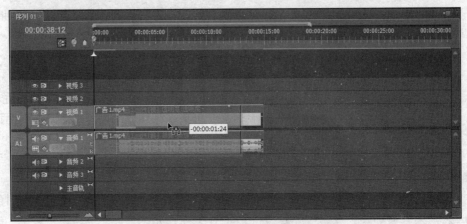

图 4-30 移动素材调整在轨道上的位置

**提示：** 如果要指定素材插入到轨道的某个位置，可以先将轨道的播放指针控点拖到指定的位置，然后单击【插入】按钮，这样就可以将素材的入点添加到播放指针所在的位置，如图 4-31 所示。

图 4-31 将素材插入到轨道指定的位置

## 4.2.2 以覆盖方式添加素材

以覆盖方式添加素材是指将素材添加到序列中轨道的指定位置，替换该位置被覆盖的原素材或素材的部分，此方式类似录像带的重复录制。

**上机实战 以覆盖方式将素材添加到序列**

**1** 打开光盘中的"..\Example\Ch04\4.2.2.prproj"练习文件，然后将【项目】窗口的【车展片段 1.avi】视频素材加入到【素材源】窗口，如图 4-32 所示。

**2** 在序列上拖动播放指针控点，将播放指针移到指定的位置上，如图 4-33 所示。

图 4-32　将素材加入【素材源】窗口

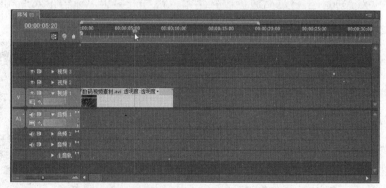

图 4-33　将播放指针移到轨道指定的位置上

*3*　单击【素材源】窗口控制面板的【覆盖】按钮，以覆盖的方式将【素材源】窗口中的当前素材装配到序列上，如图 4-34 所示。

图 4-34　以覆盖方式装配素材

*4*　当素材添加到轨道的指定位置，原位置上的素材将被覆盖，结果如图 4-35 所示。

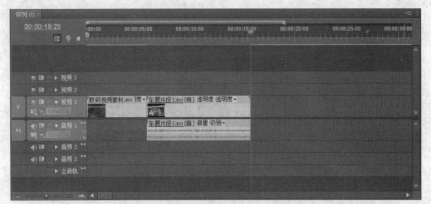

图 4-35 以覆盖方式装配素材的结果

### 4.2.3 以三点定位方式加入素材

以三点定位方式加入素材是指通过设置两个入点和一个出点或一个入点和两个出点，将素材在序列中进行定位，第四个点就会被自动计算出来。例如，一种典型的三点定位方式是设置素材的入点和出点，再设置序列入点（即素材的入点在序列中的位置）。当素材加入到序列时，序列的出点就会通过其他三个点自动计算出来。

图 4-36 为素材设置入点和出点

**上机实战** **使用三点定位方式将素材添加到序列**

1　打开光盘中的 "..\Example\Ch04\4.2.3.prproj" 练习文件，将素材加入到【素材源】窗口，然后通过控制面板为素材设置入点和出点，如图 4-36 所示。

2　在序列上拖动播放指针控点指定插入素材入点的位置，然后单击右键并从快捷菜单中选择【设置序列标记】|【入点】命令，将当前播放指针位置设置为入点，如图 4-37 所示。

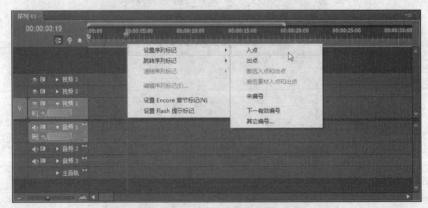

图 4-37 为序列轨道设置入点

3　设置完成后单击【插入】按钮，即可将【素材源】面板中当前素材的入点与出点的片段加入序列轨道上，如图 4-38 所示。

*4* 此时素材以轨道上设置的入点为素材入点，而素材在轨道的出点将由系统自动计算出，如图 4-39 所示。

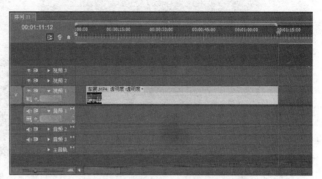

图 4-38 以插入方式装配素材　　　　　　　　图 4-39 定义三点后装配素材的结果

### 4.2.4 以四点匹配方式添加素材

以四点匹配方式添加素材的方法基本与三点定位方式类似，只是四点匹配方式需要设置素材的入点和出点以及序列轨道的入点和出点。设置完成后，序列通过匹配对齐，将素材添加到序列中。

**上机实战 使用四点匹配方式将素材添加到序列**

*1* 打开光盘中的"..\Example\Ch04\4.2.4. prproj"练习文件，将素材加入到【素材源】窗口，然后通过控制面板为素材设置入点和出点，如图 4-40 所示。

*2* 在序列上拖动播放指针控点，指定插入素材入点的位置，然后单击右键并从快捷菜单中选择【设置序列标记】|【入点】命令，将当前播放指针位置设置为入点，如图 4-41 所示。

图 4-40 设置素材的入点和出点

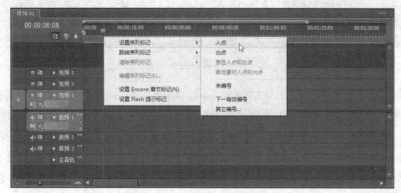

图 4-41 为序列轨道设置入点

**3** 在序列上拖动播放指针控点，指定插入素材出点的位置，然后单击右键并从快捷菜单中选择【设置序列标记】|【出点】命令，将当前播放指针位置设置为出点，如图 4-42 所示。

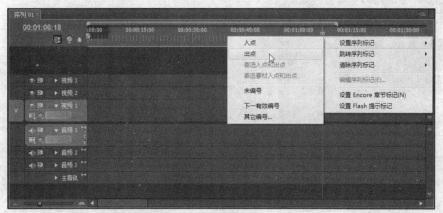

图 4-42 为序列轨道设置出点

**4** 单击【素材源】窗口上的【插入】按钮，即可将【素材源】窗口中当前显示素材的入点与出点的片段加入到序列，如图 4-43 所示。

图 4-43 将素材装配到序列

**5** 如果标记的素材和序列的持续时间不同，在添加素材时会弹出【适配素材】对话框，可以在其中选择改变素材速率以匹配标记的序列。当标记的素材长于序列时，可以选择自动修剪素材的开头或结尾。当标记的素材短于序列时，可以选择忽略序列的入点或出点，相当于三点定位，如图 4-44 所示。本例在【适配素材】对话框中选择【修正尾部（右侧）】单选项，此时素材会对应轨道的入点和出点添加到序列。在加入素材后，可以通过【节目】窗口播放素材，预览效果，如图 4-45 所示。素材加入序列的结果如图 4-46 所示。

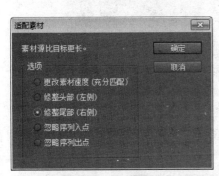

图 4-44 适配素材

图 4-45 播放素材预览效果

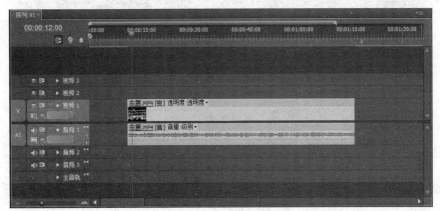

图 4-46 装配素材后的结果

## 4.3 编辑序列的素材

在素材被添加到序列后，还可以对素材进行一些编辑，以便可以让素材更加符合设计要求。例如调整素材的播放顺序、修剪多余的素材内容、分割素材等。

### 4.3.1 调整素材的播放顺序

在素材添加到序列后，可以根据项目设计的需要，调整素材的播放顺序，让不同素材的出现依照规定的顺序排列。这也是项目序列的主要作用，通过排列序列的素材，可以达到设定素材出场的先后和具体时间的目的，从而让项目顺着序列播放时形成一个整体的影视作品。

**上机实战 调整素材的播放顺序**

*1* 打开光盘中的 "..\Example\Ch04\4.3.1.prproj" 练习文件，在【工具箱】面板中选择【选择工具】 ，将视频1轨道上排列在第一的视频素材移到视频2轨道，如图4-47所示。

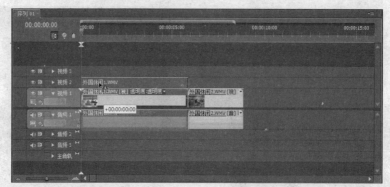

图 4-47 将视频移动到视频 2 轨道上

**2** 使用相同的方法，使用【选择工具】 将音频 1 轨道上排列在第一的音频素材移到音频 2 轨道上，如图 4-48 所示。

图 4-48 将音频移动到应聘 2 轨道上

**3** 使用【选择工具】 将视频 1 轨道上的素材移动到轨道开始处，让此素材先行播放，如图 4-49 所示。

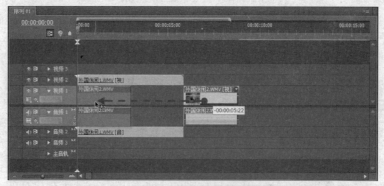

图 4-49 向前调整素材的排列位置

**4** 使用【选择工具】 将轨道 2 上的素材移到轨道 1 素材的出点处，调整该素材的排列顺序，如图 4-50 所示。

**提示：** 如果视频 2 轨道上素材的入点在视频 1 轨道素材的出点前，那么播放到视频 2 轨道的素材时，该素材就会覆叠视频 1 轨道上的素材，形成两个轨道素材重叠播放的效果，如图 4-51 所示。一般利用这些视频素材的覆叠来制作画中画效果。

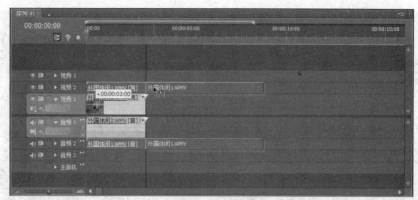

图 4-50　向后调整素材的排列位置

图 4-51　轨道素材覆叠播放

## 4.3.2　素材的修剪与还原

在 Premiere Pro CS5 中，可以通过拖动素材入点和出点的方式来删除多余的片段。当修剪后的素材需要还原时，也可以通过拖动素材入点和出点的方式还原被删除的片段。

**上机实战　修剪与还原视频素材**

*1*　打开光盘中的“..\Example\Ch04\4.3.2.prproj”练习文件，在【工具箱】面板中选择【选择工具】，将鼠标移到素材出点处，当出现图标后，向左移动，即可修改素材尾部的内容，如图 4-52 所示。

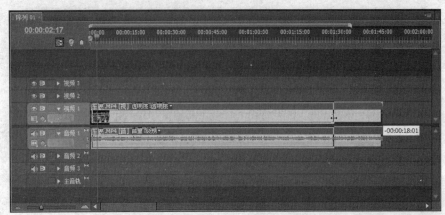

图 4-52　修改素材尾部的内容

**提示：** 由于素材中视频和音频是同步锁定的，因此在修剪视频时，音频也会一并被修剪。如果想要单独修剪视频或音频，只需在执行修剪前按住【Alt】键即可。

**2** 修剪素材后，可以单击【节目】窗口控制面板上的【播放-停止切换】按钮，播放素材以检查修剪的结果，如图 4-53 所示。

**3** 如果要恢复修剪的素材，可以将鼠标移到素材出点处，当出现图标后，向右移直至不能移动，即可恢复被修剪的内容，如图 4-54 所示。

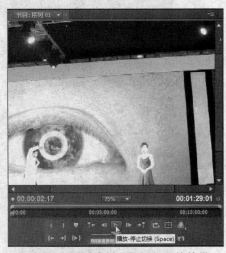

图 4-53　播放素材以检视修剪的结果

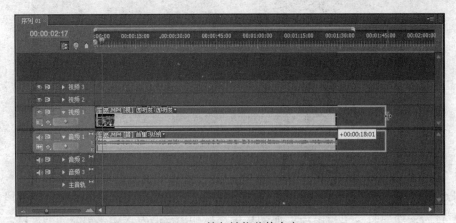

图 4-54　恢复被修剪的内容

### 4.3.3　使用剃刀工具分割素材

当视频素材很长时，可以使用【剃刀工具】将素材分割成多个片段，以便为各个片段添加切换特效或进行其他制作。

---

**提示**：当按住【Alt】键使用【剃刀工具】单击链接视频和音频的素材的某点时，可以仅对单击的视频或音频部分进行分割。当按住【Shift】键使用【剃刀工具】单击素材的某点时，可以此点将所有未锁定轨道上的素材进行分割。

---

**上机实战　将素材分割成多个片段**

*1*　打开光盘中的"..\Example\Ch04\4.3.3.prproj"练习文件，在【时间线】窗口中拖动播放指针控点，预览素材内容，从而寻找合适的分割点，如图 4-55 所示。

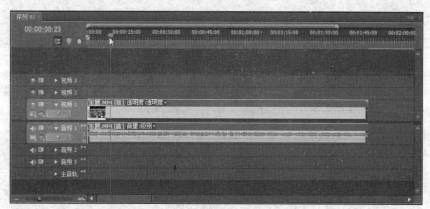

图 4-55　拖动播放指针控点寻找分割点

---

**提示**：为了可以更细致地寻找到场景的校点，可以通过单击【节目】窗口控制面板的【步进】按钮▶和【步退】按钮◀来查看素材每帧的内容，如图 4-56 所示。其中，单击一次【步进】按钮▶或【步退】按钮◀，就会向前或向后播放一帧。

---

*2*　找到合适的分割点后，在【工具箱】面板中选择【剃刀工具】，然后在素材的分割点上单击即可分割素材，如图 4-57 所示。

图 4-56　通过播放单帧寻找分割点

图 4-57　分割素材

*3*　使用相同的方法，在素材上寻找其他分割点，然后使用【剃刀工具】分割素材，结果如图 4-58 所示。

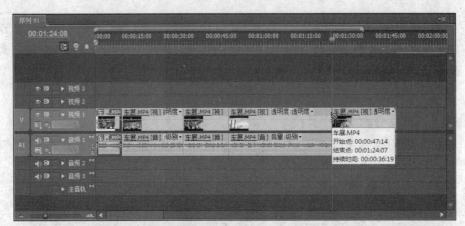

图 4-58　分割素材的结果

**4** 在【工具箱】面板上选择【选择工具】，然后在轨道上选择不需要的素材片段，再按下【Delete】键将选定的素材片段删除，如图 4-59 所示。

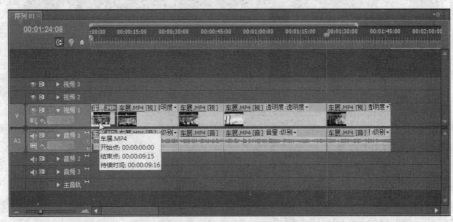

图 4-59　选定素材片段并删除

**5** 使用【选择工具】，适当地调整其他素材片段在轨道上的位置，如图 4-60 所示。

**6** 完成编辑后，选择【文件】｜【存储为】命令，将项目保存为一个新文件，以便后续的使用。

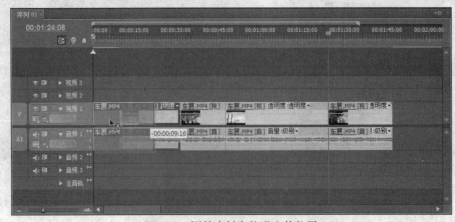

图 4-60　调整素材在轨道上的位置

提示：使用【序列】 |【剃刀：切分轨道】命令，或按下【Ctrl+K】快捷键，可以时间线播放指针所在的位置为分割点，将为锁定轨道上穿过此位置的所有素材进行分割，如图 4-61 所示。

图 4-61　保存项目文件

### 4.3.4　调整素材的播放速率

在 Premiere Pro CS5 中，可以通过使用【速率伸缩工具】对素材的入点或出点进行拖动来更改素材的播放速率，从而让素材达到慢播和快播的效果。

**上机实战　调整素材快播与慢播**

*1*　打开光盘中的 "..\Example\Ch04\4.3.4.prproj" 练习文件，在【工具箱】面板中选择【速率伸缩工具】，然后选择素材的出点向左拖动，提高素材播放速率（快播），如图 4-62 所示。

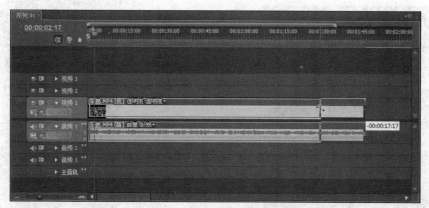

图 4-62　提高素材的播放速率

*2*　调整素材后，可以单击【节目】窗口控制面板上的【播放-停止切换】按钮，播放素材以检查素材快播的结果，如图 4-63 所示。

3　再次选择【速率伸缩工具】，然后选择素材的出点向右拖动，降低素材播放速率（慢播），如图 4-64 所示。

4　单击【节目】窗口控制面板上的【播放-停止切换】按钮，播放素材以检查素材慢播的结果，如图 4-65 所示。

5　如果要自定义调整素材的速率或持续时间，可以选择【素材】|【速度/持续时间】命令，如图 4-66 所示。在打开【素材速度/持续时间】对话框后，可以自定义素材的播放持续时间。如果要让素材恢复原来的播放速率，则可以设置【速度】选项为 100%，最后单击【确定】按钮，如图 4-67 所示。

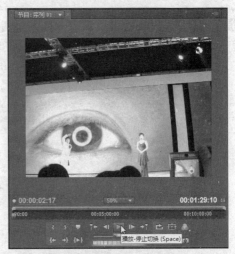

图 4-63　播放素材以查看效果

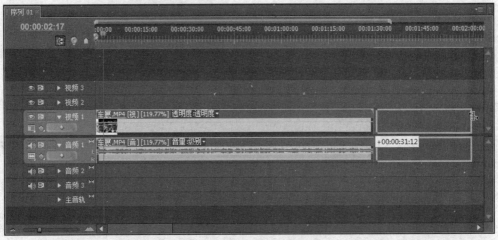

图 4-64　降低素材的播放速率

图 4-65　播放素材查看慢播效果

图 4-66　选择【速度/持续时间】命令

**提示：** 如果想要单独调整视频或音频的播放速率，可以选择【速率伸缩工具】 ，按住【Alt】键，然后选择视频出点向右或向左拖动，即可单独调整视频的速率，而音频播放速率不变，如图 4-68 所示。使用相同的方法，可以单独调整音频的播放速率。

图 4-67　自定义播放速率

图 4-68　单独调整视频的速率

### 4.3.5　替换序列上的素材

在素材添加到序列后，如果素材不合适，可以使用其他素材替换序列上的素材。

**上机实战　替换序列上的素材**

*1*　打开光盘中的 "..\Example\Ch04\4.3.5.prproj" 练习文件，将【项目】窗口的【外国休闲 3.wmv】素材加入到【素材源】窗口上，如图 4-69 所示。

图 4-69　将素材加入【素材源】窗口

*2*　在序列的轨道上选择需要被替换的素材，然后打开【素材】菜单，并选择【替换素材】|【从源监视器】命令，使用监视器中的素材替换轨道上的素材，如图 4-70 所示。

*3*　在替换素材后，可以从序列的轨道上看到原来的素材已经消失，取而代之的是【素材源】窗口的素材，如图 4-71 所示。

图 4-70  替换素材

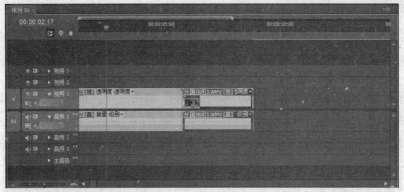

图 4-71  替换素材后的结果

## 4.4  课堂实训

将素材添加到序列上，然后调整素材的播放速率，再通过两个轨道素材的重叠，制作画中画的效果。

**上机实战  制作画中画影片效果**

*1*  打开光盘中的 ".._\Example\Ch04\4.6.prproj" 练习文件，将【项目】窗口中的【车展片段 2.avi】素材添加到【视频 1】轨道，再将【车展片段 1】素材添加到【视频 2】的轨道上，如图 4-72 所示。

*2*  在【工具箱】面板中选择【速率伸缩工具】 ，然后选择素材的出点向右拖动，使刚加入轨道的素材的持续时间与视频 1 轨道的素材一致，如图 4-73 所示。

*3*  在【节目】窗口中打开【显示比例】列表框，然后选择【50%】选项，缩小素材在监视器中的显示比例，如图 4-74 所示。

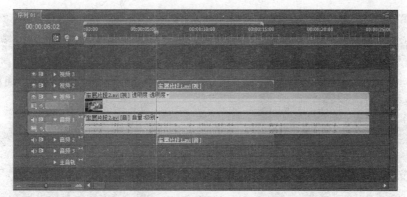

图 4-72　将素材加入轨道上

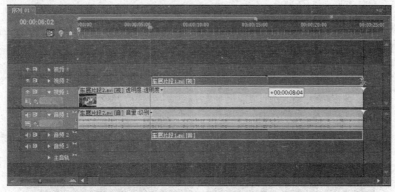

图 4-73　调整素材的持续时间

图 4-74　调整素材的显示比例

**4** 在【工具箱】面板中选择【选择工具】 ，然后在【节目】窗口的监视器中选择【车展片段 1.avi】素材，并缩小素材，如图 4-75 所示。

**5** 在缩小素材后，使用【选择工具】 将素材移到监视器的右上角，作为整个项目影片的子视频，如图 4-76 所示。

图 4-75　缩小素材

图 4-76　调整素材的位置

**6**　制作画中画效果后，可以单击【节目】窗口控制面板上的【播放-停止切换】按钮，播放序列查看画中画播放的效果，如图 4-77 所示。

图 4-77　播放序列以查看画中画效果

## 4.5　本章小结

本章主要介绍了在 Premiere Pro CS5 中通过【素材源】面板预览和管理素材，再将素材以各种方法添加到【时间线】窗口的序列中，并对序列的素材进行适当编辑的方法。通过本章的学习，读者可以掌握使用素材创作影视作品的基本技能。

## 4.6　习题

一、填充题

（1）素材的入点和出点就是指素材_____和_____。

（2）打开【标记】菜单，选择_____命令，可以清除当前素材设置的入点和出点。

（3）当需要清除标记时，可以在【素材源】窗口的控制面板上单击右键，并选择_____命令。

（4）三点定位就是通过设置_____或_____，对素材在序列中进行定位，第四个点就会被自动计算出来。

(5) 当按住【Alt】键使用【剃刀工具】单击素材视频轨道上的某点，则可以仅对_____部分进行分割。

## 二、选择题

(1) 哪个功能可以将【素材源】窗口的监视器中的当前画面导出为图像？　　　　　（　　）

    A. 导出 EDL　　　　B. 替换素材　　　　C. 导出单帧　　　　D. 存储为

(2) 使用哪个工具可以对素材的入点或出点进行拖动，从而达到更改素材的播放速率的效果？　　　　　　　　　　　　　　　　　　　　　　　　　　　　　　　（　　）

    A.【移动工具】　　　　　　　　　　B.【速率伸缩工具】

    C.【剃刀工具】　　　　　　　　　　D.【手形工具】

(3) 按下哪个快捷键，可以以时间线播放指针所在的位置为分割点，将为锁定轨道上穿过此位置的所有素材进行分割？　　　　　　　　　　　　　　　　　　　　　（　　）

    A. Ctrl+G　　　　B. Ctrl+F6　　　　C. Alt+K　　　　D. Ctrl+K

(4) 当按住哪个键使用【剃刀工具】单击素材音频轨道上的某点，则可以仅对音频部分进行分割。　　　　　　　　　　　　　　　　　　　　　　　　　　　　　（　　）

    A. Alt　　　　B. F6　　　　C. Shift　　　　D. Ctrl

## 三、操作题

导入一个 Logo 图像素材到项目文件，然后将 Logo 加入到序列的轨道上，并设置图像的大小和位置，为视频添加一个 Logo 图像，结果如图 4-78 所示。

图 4-78　预览添加 Logo 图像的效果

**操作提示：**

(1) 选择【文件】|【导入】命令，从【导入】对话框中选择 logo 素材文件，然后单击【打开】按钮。

(2) 将导入到【项目】面板的素材直接拖至【时间线】面板的【视频 2】轨道上。

(3) 使用【速率伸缩工具】调整 Logo 素材的播放时间，使之与【视频 1】轨道的素材播放时长一样。

(4) 在【节目】窗口中将 Logo 素材缩小，并将 Logo 移到屏幕的左上方。

# 第 5 章　应用特效处理项目设计

### 教学提要

在影视作品的设计中，视频特效和切换特效是必不可少的两种特效应用类型。通过应用这两种特效，可以制作各种出色和创意十足的画面效果和场景切换效果。本章将以这两种效果为主，先从查看、应用和编辑特效的基础操作讲起，介绍视频特效和切换特效在项目设计上的应用。

### 教学重点

➢ 了解特效的类型和程序提供的特效项目
➢ 掌握应用视频特效和切换特效的方法
➢ 掌握设置特效参数和编辑特效的方法
➢ 掌握存储、隐藏、清除特效的方法
➢ 了解主要视频特效和切换特效的应用效果

## 5.1　应用视频特效与切换特效

视频特效是指应用在视频素材上使之产生特殊效果和特殊用途的效果类型；切换特效是指主要应用在视频素材之间，让前一素材出点和后一素材入点的过渡产生特殊效果的效果类型。

### 1. 查看效果项目

在 Premiere Pro CS5 中，所有的特效都集合在【效果】面板中。可以选择【窗口】|【效果】命令或者按下【Shift+7】快捷键打开【效果】面板，如图 5-1 所示。

图 5-1　打开【效果】面板

在【效果】面板中,只需打开不同种类的效果列表就可以查看各个效果项目,如图5-2所示。

图5-2 查看效果列表中的各个效果项目

**提示:** 在【效果】面板的上方有【加速效果】按钮 、【32位效果】 、【YUV效果】按钮 ,通过单击这些按钮,可以快速地打开对应类型的效果项目。例如单击【加速效果】按钮 ,【效果】面板将显示加速效果的所有项目,如图5-3所示。

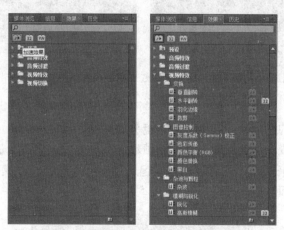

图5-3 快速显示特殊类型的效果项目

### 2. 为素材应用视频特效

应用特效的方法很简单,只需打开预设特效列表,将效果项目拖到素材上即可,如图5-4所示。

图5-4 应用特效到素材上

### 3．为素材应用切换特效

如果是素材的切换特效，需要将特效项目拖到前一视频素材的出点，或下一视频素材入点，或两个素材之间。

在默认的状态下，在【时间线】窗口中放置两段相邻的素材，如果采用的是剪切方式，那么就是前一段素材的出点与下一段素材的入点紧密相连在一起。如果要为一个常见的切换强调或添加一个特效的效果，就可以应用切换特效，例如擦出、缩放或融合等。运用场景的切换，可以制作出一些赏心悦目的画面效果，如图 5-5 所示。

图 5-5　前一视频播放时的效果和切换到后一视频的效果

在大多数情况下，在重要的情节过程中是不希望出现切换的，所以要使用句柄或为素材设置入点和出点之间的附加帧，以保留精彩镜头的完整。

句柄是指素材片段中包含编辑点的可用帧数，简单地说，句柄就是一个素材中位于入点和出点之外的捕捉而来的帧，它有时在媒体起点和素材入点之间，成为"料头"，而在素材的出点和媒体终点之间时成为"料尾"，如图 5-6 所示。

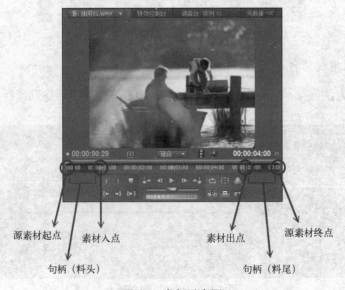

图 5-6　句柄示意图

　　当拖动切换特效到序列的两个素材之间的编辑点时，可以交互地控制切换的对齐方式。其中对齐方式有 3 种，分别对应⬛、⬛、⧈ 3 种图标。

● ⬛：切换与第一段素材的终点对齐，出现在不同轨道素材切换时，如图 5-7 所示。

图 5-7　以对齐终点方式应用切换特效

● ⬛：切换与第二段素材的起点对齐，出现在不同轨道素材切换时，如图 5-8 所示。

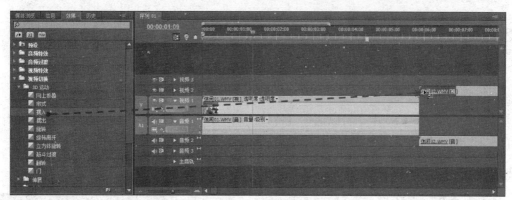

图 5-8　以对齐起点方式应用切换特效

● ⧈：切换与编辑的中心对齐，出现在同一轨道素材切换时，如图 5-9 所示。

图 5-9　以中心对齐方式应用切换特效

**提示：** 如果加入切换特效的某个素材长度不够，即素材播放时间不足以完成切换过渡时间。此时可以让切换过渡效果包含重复帧，如图 5-10 所示。

图 5-10　素材长度不够时，切换过渡效果包含重复的帧

## 5.2　编辑与管理特效

在为素材应用特效后，其默认的设置未必适合整个项目的设计，此时就要求对特效进行合适的设置和编辑。

在 Premiere Pro CS5 中，可以通过【特效控制台】面板来更改特效的默认设置，并对特效的效果进行详细的编辑，从而让特效符合项目设计的要求。

### 5.2.1　更改特效的默认设置

在特效应用到素材后，可以打开【特效控制台】面板，调整特效的默认设置，让特效的应用更加符合制作的要求。

**上机实战　调整特效默认设置**

*1*　打开光盘中的 "..\Example\Ch05\ 5.2.1.prproj" 练习文件，打开【效果】面板并打开对应视频特效的列表，找到【弯曲】特效项目，如图 5-11 所示。

*2*　将【弯曲】特效项目拖到【时间线】窗口【视频 1】轨道的【风光 1.mp4】素材上，如图 5-12 所示。

*3*　按下【Shift+5】快捷键打开【特效控制台】面板，然后更改特效的默认参数，如图 5-13 所示。

*4*　单击效果项目名称右端的【设置】按钮 ，打开【弯曲设置】对话框，设置各个选项，调整特效对素材的应用，最后单击【确定】按钮，如图 5-14 所示。

图 5-11　找到视频特效

*5*　打开【效果】面板，然后在搜索文本框中输入关键字【旋转】，此时面板上会根据关键字列出所有符合搜索条件的效果项目，如图 5-15 所示。

图 5-12 应用视频特效到素材

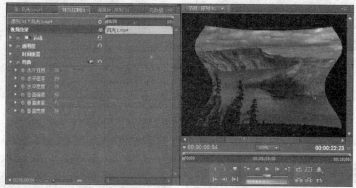

图 5-13 更改特效默认参数

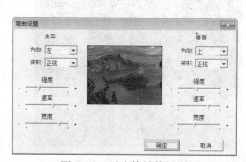

图 5-14 更改特效的设置

图 5-15 搜索特效

6 选择需要应用的效果项目，然后将项目拖到序列的第二个素材上，如图 5-16 所示。

图 5-16 将特效应用到素材上

*7* 打开【特效控制台】面板，然后在面板左侧打开【旋转扭曲】列表框，并更改特效的设置参数，如图 5-17 所示。

*8* 为了让特效的应用更符合要求，可以根据需要修改特效关键帧。只需在【特效控制台】面板右侧选择关键帧，然后调整其位置即可，如图 5-18 所示。

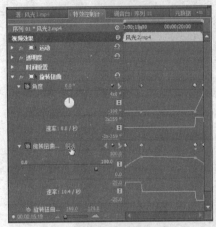
图 5-17 修改特效的参数

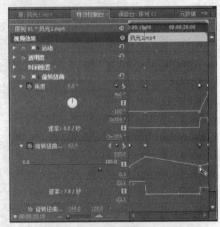
图 5-18 修改特效的关键帧

*9* 编辑特效后，可以通过【节目】窗口播放素材，预览效果，如图 5-19 所示。

图 5-19 播放素材预览应用特效的效果

## 5.2.2 存储为预设特效

应用到素材上的特效，在经过编辑后可以将特效设置为预设特效，以便下次可以直接套用编辑后的特效。

**上机实战** 将当前特效存储为预设特效

*1* 打开光盘中的"..\Example\Ch05\5.2.2.prproj"练习文件，打开【特效控制台】面板，然后在特效项目上单击右键，并选择【存储预设】命令，如图 5-20 所示。

*2* 打开【存储预设】对话框后，设置特效项目的名称、类型和描述，最后单击【确定】按钮即可，如图 5-21 所示。

*3* 打开【效果】面板，可以查看保存为预设特效的结果，如图 5-22 所示。

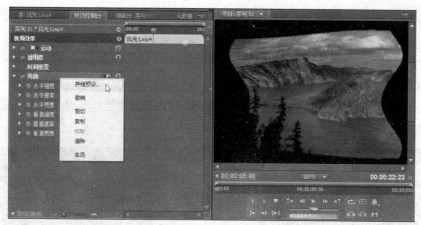

图 5-20 存储预设特效

图 5-21 设置预设特效属性

图 5-22 查看存储为预设特效的结果

### 5.2.3 效果的基本操作

特效应用到素材后，在默认状态下处于显示状态。如果要隐藏特效，可以在【特效控制台】面板上单击特效项前的【切换效果开关】按钮 。如果想要显示特效，再次单击【切换效果开关】按钮 即可，如图 5-23 所示。

如果想要执行特效的其他编辑应用，可以在特效项目上单击右键，然后通过快捷菜单命令执行编辑，例如清除特效、复制和粘贴特效、撤销特效修改等，如图 5-24 所示。

图 5-23 显示与隐藏效果

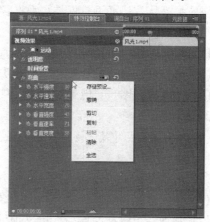

图 5-24 通过快捷菜单执行编辑命令

### 5.2.4 使用文件夹放置特效

如果是常用的特效，可以将这些特效放到一个自定义文件夹内集中管理，以后要使用这些特效时，就不需要从特效列表中寻找了。

可以单击【效果】面板右下角的【新建自定义文件夹】按钮███新建自定义文件夹，如图5-25所示。此时面板中会出现自定义文件夹，只需将常用的特效拖到该文件夹，即可让特效放置在文件夹内，如图5-26所示。

图 5-25　新建自定义文件夹

图 5-26　将特效移动新文件夹

## 5.3 视频特效

在 Premiere Pro CS5 中，视频特效包含了 16 种效果分类，每种分类包含了不同数量的各个效果项目，其中包括有垂直保持、颜色替换、旋转扭曲、曝光过度、模糊、马赛克、放大、浮雕等效果。

### 5.3.1 变换类特效

变换类效果主要是通过对画面的位置、方向和距离等参数进行调节，从而制作出画面视角变化的效果。

变换类型特效包括垂直保持、垂直翻转、摄像机视图、水平保持、水平翻转、羽化边缘、裁剪 7 种特效。

（1）垂直保持：可以让视频产生垂直滚动播放的画面效果，如图5-27所示。

（2）垂直翻转：可以让视频以垂直方向翻转的画面显示，如图5-28所示。

（3）摄像机视图：可以通过经度、纬度和垂直滚动等选项调整视频画面的显示效果，如图5-29所示。

（4）水平保持：可以让视频在底部保持在水平位置不变，上部向左右两边偏移，如图5-30所示。

（5）水平翻转：可以让视频以水平方向翻转的画面显示，如图5-31所示。

（6）羽化边缘：可以让视频画面边缘产生羽化效果，如图5-32所示。

（7）裁剪：可以从左侧、右侧、顶部和底部裁剪视频画面。

图 5-27 应用垂直保持的视频效果

图 5-28 应用垂直翻转的视频效果

图 5-29 应用摄像机视图的视频效果

图 5-30 应用水平保持的视频效果

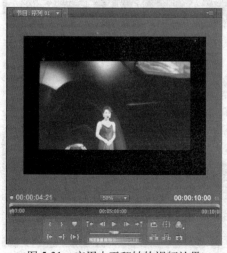

图 5-31 应用水平翻转的视频效果

图 5-32 应用滚动的视频效果

### 5.3.2 图像控制类特效

图像控制类特效主要通过各种方法对素材画面中的特定颜色像素进行处理，从而产生特殊的视觉效果。

图像控制类特效包括灰度系数（Gamma）校正、色彩传递、颜色平衡（RGB）、颜色替换、黑白5种效果。

（1）灰度系数（Gamma）校正：灰度系数校正用于调整由设备（通常是显示器）产生的中间调的亮度值，较高的灰度系数值产生总体较暗的显示效果，如图5-33所示。

（2）色彩传递：影像在传递过程中常会产生色彩损失的情况。色彩传递特效就是模拟色彩传递中损失色彩的画面效果，如图5-34所示。

图5-33　应用灰度系数（Gamma）校正的视频效果　　图5-34　应用色彩传递的视频效果

（3）颜色平衡（RGB）：可以通过RGB（红色、绿色、蓝色）颜色纠正产生画面偏色的效果，如图5-35所示。

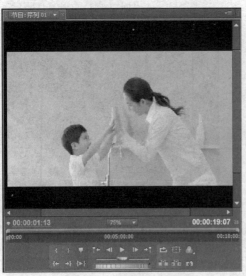

图5-35　原视频与应用颜色平衡特效后的视频效果

（4）颜色替换：可以设置一种目标颜色，然后设置另外一种替换颜色替换目标颜色，如图 5-36 所示。

（5）黑白：可以让画面产生完全灰度的效果。此特效常用来制作黑白电视播放的效果，如图 5-37 所示。

图 5-36　应用颜色替换的视频效果

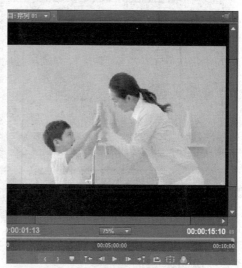
图 5-37　应用黑白的视频效果

## 5.3.3　实用与时间类特效

实用类特效主要是通过调整画面的黑白斑来调整画面的整体效果，此类特效只有"Cineon 转换"1 种效果。如图 5-38 所示为没有应用特效与应用"Cineon 转换"效果的对比。

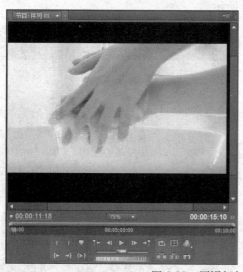
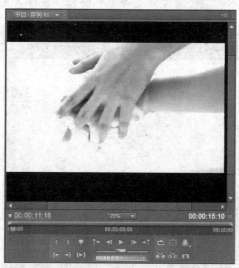
图 5-38　原视频与应用特效后的对比

时间类特效主要是通过处理视频的相邻帧变化来制作特殊的视觉效果。此类特效包括抽帧和重影 2 种效果。

（1）抽帧：是指将视频素材中的部分帧抽出，制作出具有空间停顿感的运动画面，一般用于娱乐节目和现场破案等影片中。

（2）重影：可以让重叠的视频素材产生重影的画面效果，用于制作视频结尾的效果，如图 5-39 所示。

图 5-39　两个视频重叠的正常效果与应用重影的视频效果

### 5.3.4　扭曲类特效

扭曲类特效主要通过对影像进行不同的几何扭曲变形来制作各种各样画面变形效果。此类特效包括偏移、变换、弯曲、放大、旋转、波动弯曲、球面化、紊乱置换、边角固定、镜像和镜头扭曲等 11 种效果。

（1）偏移：可以在保持源画面的基础上，增加覆层画面，并让覆层画面产生偏移，从而让两个画面重叠而产生重影的效果，如图 5-40 所示。

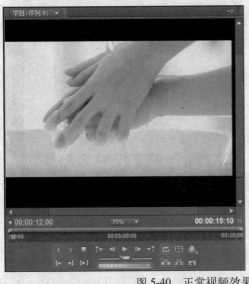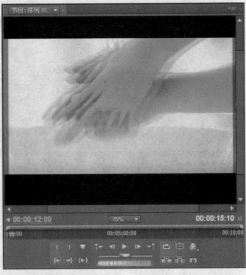

图 5-40　正常视频效果与应用偏移的视频效果

（2）变换：可以改变画面的形状，对画面进行旋转、缩放、扭曲和移动处理，如图 5-41 所示。

（3）弯曲：可以让画面产生画面弯曲的效果，如图 5-42 所示。

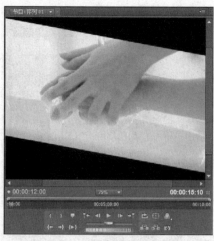

图 5-41　应用变换的视频效果

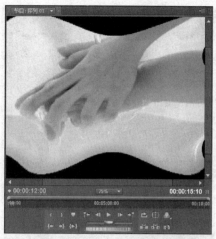

图 5-42　应用弯曲的视频效果

（4）放大：可以放大画面指定部分的图像。放大范围和位置可以通过更改参数进行调整，如图 5-43 所示。

（5）旋转：可以让画面中心不变，边缘产生旋转扭曲的效果。扭曲的角度可以更改，如图 5-44 所示。

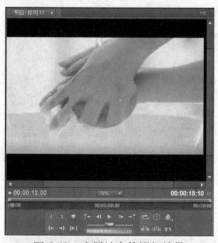

图 5-43　应用放大的视频效果

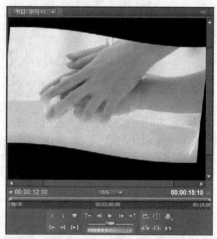

图 5-44　应用旋转的视频效果

（6）波动弯曲：可以让画面产生波动类型的弯曲效果，其中波动类型可以设置为正弦、正方形、三角形、圆形、半圆形等，如图 5-45 所示。

（7）球面化：可以制作画面以球面变化的视觉效果。其中球面半径和球面中心可以调整，如图 5-46 所示。

（8）紊乱置换：用碎片噪波在画面上制造紊乱扭曲。例如似水流、湍流、凸出等，如图 5-47 所示。

（9）边角固定：通过重定位四角的坐标将一个矩形图像变化为任意四边形，可以产生拉伸、收缩、倾斜和扭曲效果。通常用于模仿透视、打开大门的效果等，如图 5-48 所示。

（10）镜像：可以模拟镜面反射效用。在应用此特效时，需要设置【反射中心】和【反射角度】选项。另外，中心坐标和反射镜面的角度决定了垂直于显示屏的一面镜子，反射生成的镜像不在显示平面内，如图 5-49 所示。

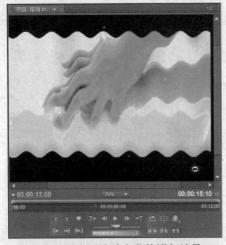

图 5-45　应用波动弯曲的视频效果

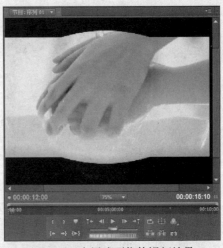

图 5-46　应用球面化的视频效果

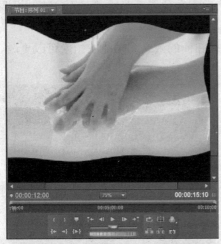

图 5-47　应用紊乱置换的视频效果

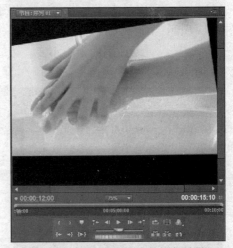

图 5-48　应用边角固定的视频效果

（11）镜头扭曲：可以模拟摄像过程中由于镜头使用方式的不同所产生的扭曲效果，如图 5-50 所示。

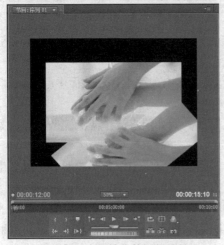

图 5-49　应用镜像的视频效果

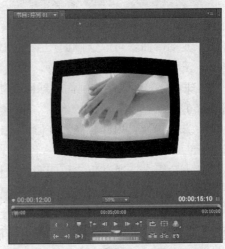

图 5-50　应用镜头扭曲的视频效果

### 5.3.5 噪波与颗粒类特效

噪波与颗粒类效果主要用于去除画面中的噪点或者在画面中增加噪点。此类特效包括中值、噪波、噪波 Alpha、噪波 HLS、自动噪波 HLS、蒙尘与刮痕 6 种效果。

（1）中值：可以去除视频画面的噪点，通过去除的程度让画面显示不同程度的模糊效果，如图 5-51 所示。

图 5-51　正常视频与应用中值的视频效果

（2）噪波与噪波 Alpha：这两种特效都可以为视频画面增加噪点，不同的是噪波增加的噪点呈现彩色，如图 5-52 所示；噪波 Alpha 增加的噪点则让画面产生透明效果，如图 5-53 所示。

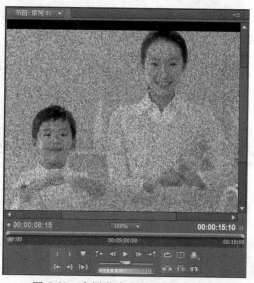

图 5-52　应用噪波的视频效果　　　　　　图 5-53　应用噪波 Alpha 的视频效果

（3）噪波 HLS 与自动噪波 HLS：这两种特效同样可以为视频画面增加噪点，跟其他噪波效果不同，这两种效果可以通过 HLS 色彩模型（Hue 色相、Lightness 明度、Saturation 饱和度）调节噪波效果，如图 5-54 和图 5-55 所示。

图 5-54　应用噪波 HLS 的视频效果　　　　图 5-55　应用自动噪波 HLS 的视频效果

（4）蒙尘与刮痕：通过更改相异的像素减少画面的噪点，如图 5-56 所示。

图 5-56　正常视频与应用蒙尘与刮痕的视频效果

## 5.3.6　模糊与锐化类特效

　　模糊与锐化类特效主要用于柔化或者锐化图像或边缘过于清晰或者对比度过强的图像区域，甚至把原本清晰的图像变得很朦胧，以至模糊不清楚。这种特效常用于制作视频开始有模糊到清晰或者结尾有清晰到模糊的画面效果。

　　模糊与锐化类特效包括复合模糊、定向模糊、快速模糊、摄像机模糊、残像、消除锯齿、通道模糊、锐化、非锐化遮罩和高斯模糊 10 种效果。这 10 种模糊与锐化所应用的原理虽然不一样，但其作用都是制作模糊画面效果或强化画面效果。

　　如图 5-57 所示为正常视频与应用复合模糊的视频效果。如图 5-58～图 5-65 所示为其他模糊或锐化的效果。

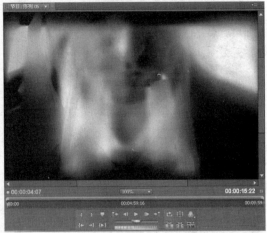

图 5-57　正常视频效果和应用复合模糊的视频效果

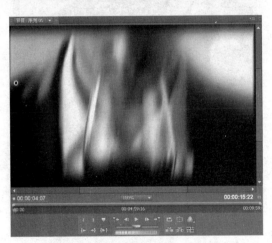

图 5-58　应用定向模糊的视频效果　　　　　　　图 5-59　应用快速模糊的视频效果

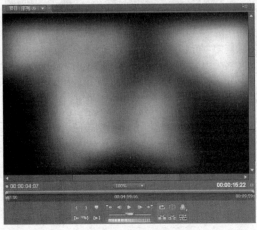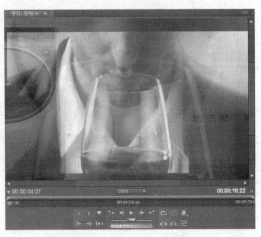

图 5-60　应用摄像机模糊的视频效果　　　　　　图 5-61　应用残像的视频效果

图 5-62　应用消除锯齿的视频效果

图 5-63　应用通道模糊的视频效果

图 5-64　应用锐化的视频效果

图 5-65　应用非锐化遮罩的视频效果

## 5.3.7　其他视频特效

### 1. 生成类特效

　　生成类特效是经过优化分类后新增加的一类效果。这类特效主要有书写、椭圆、吸色管填充、四色渐变、圆形、棋盘、油漆桶、渐变、网格、蜂巢图案、镜头光晕和闪电等 12 种效果。

### 2. 色彩校正类特效

　　色彩校正类特效主要用于对素材画面颜色的校正处理。这类特效包括 RGB 曲线、RGB 色彩校正、三路色彩校正、亮度与对比度、亮度曲线、亮度校正、广播级色彩、快速色彩校正、更改颜色、染色、

图 5-66　正常的视频效果

分色、色彩均化、色彩平衡、色彩平衡（HLS）、视频限幅器、转换颜色和通道混合 17 种效

果。如图 5-66 为正常视频效果，如图 5-67～图 5-72 所示为应用不同视频特效的结果。

图 5-67　应用渐变的视频效果

图 5-68　应用镜头光晕的视频效果

图 5-69　应用三路色彩校正的视频效果

图 5-70　应用色彩均化的视频效果

图 5-71　应用着色的视频效果

图 5-72　应用脱色的视频效果

### 3　视频类特效

视频类特效是指通过对素材添加时间码，显示当前视频播放的时间。此类特效只有"时间码"1 种效果。

### 4　调整类特效

调整类特效用于修复原始素材的偏色或者曝光不足等方面的缺陷，也可以调整颜色或者亮度来制作特殊的色彩效果。此类特效包括卷积内核、基本信号控制、提取、照明效果、自动对比度、自动色阶、自动颜色、色阶、阴影/高光 9 种效果。如图 5-73 和图 5-74 所示为应用调整类特效的结果。

图 5-73　应用照明效果的视频效果　　　　图 5-74　应用阴影/高光的视频效果

### 5　过渡类特效

过渡类特效主要用于场景过渡（转换），其用法与"视频切换"类特效类似，但是需要设置关键帧才能产生转场效果。此类特效包括块溶解、径向擦除、渐变擦除、百叶窗、线性擦除 5 种效果。如图 5-75 和图 5-76 所示为应用过渡类特效的结果。

图 5-75　应用块溶解的视频效果　　　　图 5-76　应用百叶窗的视频效果

### 6　透视类特效

透视类特效主要用于制作三维立体效果和空间效果。此类特效包括基本 3D、径向放射阴影、斜角边、斜角 Alpha、阴影（投影）5 种效果。如图 5-77～图 5-80 所示为应用透视类特效的效果。

图 5-77 应用斜角边的视频效果

图 5-78 应用斜角 Alpha 的视频效果

图 5-79 应用基本 3D 的视频效果

图 5-80 应用斜角 Alpha 的视频效果

### 7 通道类特效

通道类特效是指利用图像通道的转换与插入等方式来改变图像，从而制作出各种特殊效果。此类特效包括反转、固态合成、复合算法、混合、算法、计算和设置遮罩 7 种效果。如图 5-81～图 5-86 所示为应用通道类特效的效果。

图 5-81 应用反转的视频效果

图 5-82 应用复合算法的视频效果

图 5-83　应用固态合成的视频效果

图 5-84　应用混合的视频效果

图 5-85　应用算法的视频效果

图 5-86　应用计算的视频效果

### 8　键控类特效

键控类特效主要用于对图像进行抠像操作，通过各种抠像方式和不同画面图层的叠加方法来合成不同的场景或者制作各种无法拍摄的画面。

此类特效包括 16 点无用信号遮罩、4 点无用信号遮罩、8 点无用信号遮罩、Alpha 调整、RGB 差异键、亮度键、图像遮罩键、差异遮罩、移除遮罩、色度键、蓝屏键、轨道遮罩键、非红色键和颜色键等 14 种效果。如图 5-87 所示为应用色度键的视频效果，如图 5-88 所示为应用差异遮罩的视频效果。

### 9　风格化类特效

风格化类特效主要是通过改变图像中的像素或者对图像的色彩进行处理，从而产生各种抽象派或者印象派的作品效果，也可以模仿其他门类的艺术作品如浮雕、素描等。

此类特效包括 Alpha 辉光、复制、彩色浮雕、招贴画、曝光过度、查找边缘、浮雕、画笔描绘、纹理材质、边缘粗糙、闪光灯、阈值和马赛克等 13 种效果。如图 5-89 所示为应用彩色浮雕的视频效果，如图 5-90 所示为应用画笔描绘的视频效果。

图 5-87　应用色度键的视频效果　　　　图 5-88　应用差异遮罩的视频效果

图 5-89　应用彩色浮雕的视频效果　　　　图 5-90　应用画笔描绘的视频效果

## 5.4　切换特效

切换特效是一种让不同的视频片段交替播放时产生的变换效果，它可以让视频中的各个视频片段有更融合的效果，避免产生突然改变场景的情况。

Premiere Pro CS5 提供了 10 种切换效果，可以通过这些效果为视频制作不同的视频切换效果。

### 5.4.1　3D 运动类切换

3D 运动类切换特效可以让视频片段产生各种 3D 的切换效果。此类特效包括向上折叠、帘式、摆入、摆出、旋转、旋转离开、立方体旋转、筋斗过渡、翻转、门等 10 种效果。

（1）向上折叠：使视频 A 像纸一样向上折叠，显示视频 B。

（2）帘式：使视频 A 如同窗帘一样被拉起，显示视频 B，如图 5-91 所示。

（3）摆入：使视频 B 过渡到视频 A 产生内关门的效果。

（4）摆出：使视频 B 过渡到视频 A 产生外关门的效果。

（5）旋转：使视频 B 从视频 A 中心展开。

（6）旋转离开：使视频 B 从视频 A 中心旋转出现。

图 5-91　应用帘式切换特效的过渡效果

（7）立方体旋转：可以使视频 A 和视频 B 分别以立方体的两个面过渡转换，如图 5-92 所示。

图 5-92　应用立体旋转切换特效的过渡效果

（8）筋斗过渡：使视频 A 旋转翻入视频 B。

（9）翻转：使视频 A 翻转到视频 B。

（10）门：使视频 B 如同关门一样覆盖视频 A。

### 5.4.2　伸展类切换

伸展类切换特效包括交叉伸展、伸展、伸展覆盖、伸展进入 4 种效果。

（1）交叉伸展：使视频 A 逐渐被视频 B 平行挤压替代，如图 5-93 所示。

（2）伸展：使视频 A 从一边伸展覆盖视频 B。

（3）伸展覆盖：使视频 B 拉伸出现，逐渐代替视频 A。

（4）伸展进入：使视频 B 在视频 A 的中心横向伸展，如图 5-94 所示。

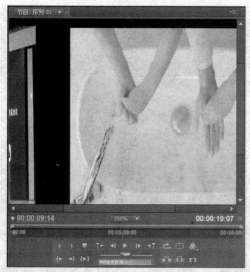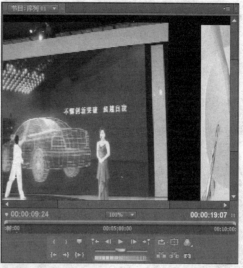

图 5-93 应用伸展切换特效的过渡效果

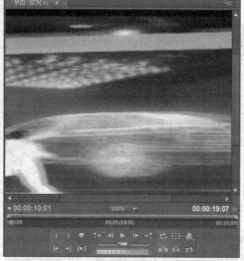

图 5-94 应用伸展进入切换特效的过渡效果

### 5.4.3 划像类切换

划像类切换特效可以将影像按照不同的形状在画面上展开，最后覆盖另一影像。

划像类切换特效包括划像交叉、划像形状、圆划像、星形划像、点划像、盒形划像、菱形划像 7 种效果。

（1）划像交叉：使视频 B 呈十字形从视频 A 中展开，如图 5-95 所示。

（2）划像形状：使视频 B 呈矩形从视频 A 中展开。

（3）圆划像：使视频 B 呈圆形从视频 A 中展开。

（4）星形划像：使视频 B 呈星形从视频 A 中展开。

（5）点划像：使视频 B 呈斜角十字形从视频 A 中展开。

（6）盒形划像：使视频 B 产生多个规则形状从视频 A 中展出。可以设置图形的数值、类型。

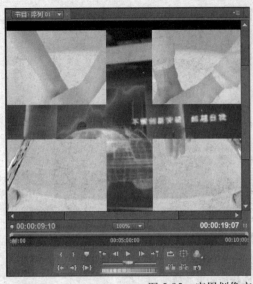

图 5-95　应用划像交叉切换特效的过渡效果

（7）菱形划像：使视频 B 呈菱形从视频 A 中展开，如图 5-96 所示。

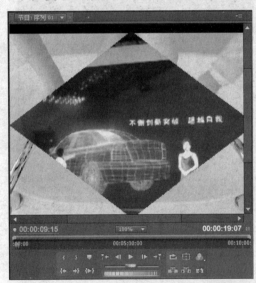

图 5-96　应用菱形划像切换特效的过渡效果

### 5.4.4　卷页类切换

卷页类切换特效可以制作卷页式的视频切换视觉效果。此类特效包括中心剥落、剥开背面、卷走、翻页、页面剥落这 5 种效果。

（1）中心剥落：使视频 A 在中心分为 4 块分别向四角卷起，显示视频 B，如图 5-97 所示。

（2）剥开背面：使视频 A 由中心点向四周分别被卷起，显示视频 B，如图 5-98 所示。

（3）卷走：使视频 A 像纸一样被翻面卷起，显示视频 B。

（4）翻页：使视频 A 从左上角向右下角卷动，显示视频 B，如图 5-99 所示。

（5）页面剥落：使视频 A 产生卷轴卷起效果，显示视频 B。

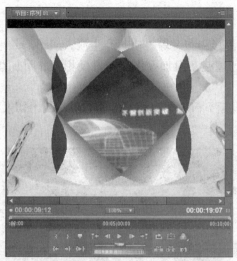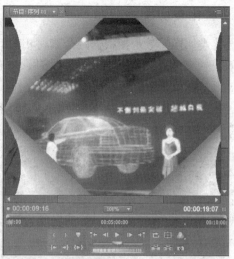

图 5-97　应用中心剥落切换特效的过渡效果

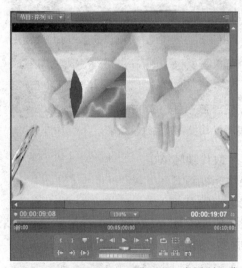

图 5-98　应用剥开背面切换特效的过渡效果

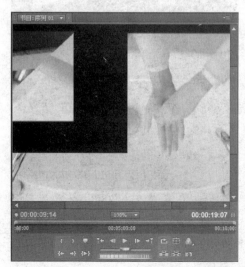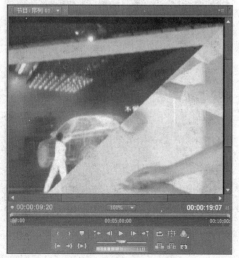

图 5-99　应用翻页切换特效的过渡效果

### 5.4.5 叠化类切换

叠化类切换特效是指根据两个素材相似的色彩和亮度等，使其产生淡入淡出的效果。此类特效包括交叉叠化（标准）、抖动溶解、白场过渡、附加叠化、随机反相、非附加叠化、黑场过渡 7 种效果。

（1）交叉叠化（标准）：使视频 A 淡化为视频 B，这种效果为标准的淡入淡出切换特效，如图 5-100 所示。

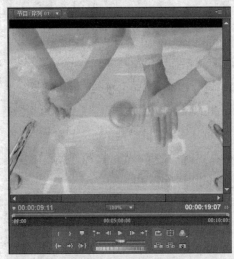

图 5-100　应用交叉叠化（标准）切换特效的过渡效果

（2）抖动溶解：使视频 B 以点的方式出现，取代视频 A。

（3）白场过渡：使视频 A 以变亮的模式淡化为视频 B。

（4）附加叠化：使视频 A 以加亮模式淡化为视频 B。

（5）随机反相：以随意块方式使视频 A 过渡到视频 B，并在随意块中显示反色效果。可以设置水平和垂直随意块的数量，如图 5-101 所示。

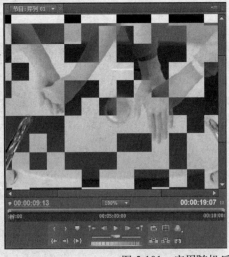

图 5-101　应用随机反相切换特效的过渡效果

（6）非附加叠化：使视频 A 与视频 B 的亮度叠加消溶。

（7）黑场过渡：使视频 A 以变暗的模式淡化为视频 B。

## 5.4.6 擦除类切换

擦除类切换特效可以制作多种擦除式视频过渡的切换效果。此类特效包括双侧平推门、带状擦除、径向划变、插入、擦除、时钟式划变、棋盘、棋盘划变、楔形划变、水波块、油漆飞溅、渐变擦除、百叶窗、螺旋框、随机块、随机擦除、风车等 17 种效果。

（1）双侧平推门：使视频 A 以展开和关门的方式过渡到视频 B，如图 5-102 所示。

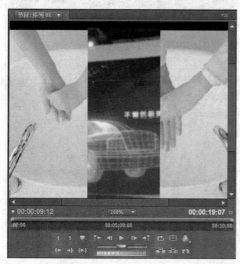

图 5-102 应用双侧平推门切换特效的过渡效果

（2）带状擦除：使视频 B 从水平方向以条状进入并覆盖视频 A。

（3）径向划变：该特效可以用一张灰度图像制作渐变切换。

（4）插入：使视频 B 从视频 A 的左上角斜插进入画面。

（5）擦除：使视频 B 逐渐扫过视频 A。

（6）时钟式划变：使视频 A 以时钟放置方式过渡到视频 B，如图 5-103 所示。

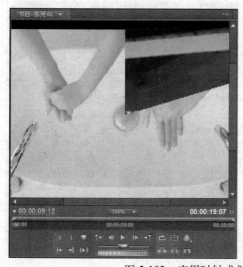

图 5-103 应用时钟式划变切换特效的过渡效果

（7）棋盘：使视频 A 以棋盘消失方式过渡到视频 B。

（8）棋盘划变：使视频 B 以方格形式逐行出现覆盖视频 A。

（9）楔形划变：使视频 B 呈扇形打开扫入。

（10）水波块：使视频 B 沿"Z"字形交错扫过视频 A。可以设置水平/垂直输入的方格数量。

（11）油漆飞溅：使视频 B 以墨点状覆盖视频 A，如图 5-104 所示。

 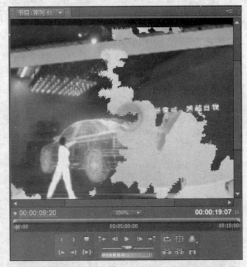

图 5-104　应用油漆飞溅切换特效的过渡效果

（12）渐变擦除：-使视频 B 从视频 A 的一角扫入画面。

（13）百叶窗：使视频 B 在逐渐加粗的线条中逐渐显示，类似于百叶窗效果。

（14）螺旋框：使视频 B 以螺旋块状旋转出现。

（15）随机块：使视频 B 以方块形式随意出现覆盖视频 A。

（16）随机擦除：使视频 B 产生随意方块方式由上向下擦除形式覆盖视频 A。

（17）风车：使视频 B 以风车轮状旋转覆盖视频 A，如图 5-105 所示。

图 5-105　应用风车切换特效的过渡效果

### 5.4.7 映射类切换

映射类切换特效只有明亮度映射和通道映射两种效果。

（1）明亮度映射：将视频 A 的亮度映射到视频 B，产生融合效果，如图 5-106 所示。

图 5-106 应用明亮度映射切换特效的过渡效果

（2）通道映射：使视频 A 或视频 B 选择通道并映射导出来实现切换，如图 5-107 所示。

图 5-107 应用通道映射切换特效的过渡效果

### 5.4.8 滑动类切换

滑动类切换特效包括中心合并、中心拆分、互换、多旋转、带状滑动、拆分、推、斜线滑动、滑动、滑动带、滑动框、漩涡 12 种效果。

（1）中心合并：使视频 A 分裂成 4 块由中心分开，并逐渐覆盖视频 B。

（2）中心拆分：使视频 A 从中心分裂为 4 块，向四角滑出。

（3）互换：使视频 B 从视频 A 的后方转向前方覆盖视频 A。

（4）多旋转：使视频 B 被分割成若干小方格旋转铺入。可以设置水平/垂直方格的数量，如图 5-108 所示。

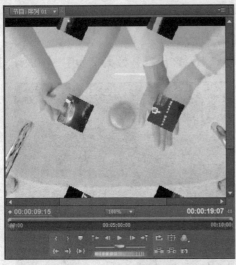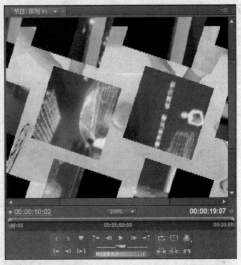

图 5-108　应用多旋转切换特效的过渡效果

（5）带状滑动：使视频 B 以条状进入，并逐渐覆盖视频 A。

（6）拆分：使视频 A 像自动门一样打开显示视频 B。

（7）推：使视频 B 将视频 A 推出屏幕。

（8）斜线滑动：使视频 B 呈自由线条状滑入视频 A。

（9）滑动：使视频 B 滑入覆盖视频 A。

（10）滑动带：使视频 B 在水平或垂直的线条中逐渐显示。

（11）滑动框：使视频 B 的形成更像积木的累加。

（12）漩涡：使视频 B 打破为若干方块从视频 A 中旋转而出。可以设置水平/垂直方块的数量和旋转度，如图 5-109 所示。

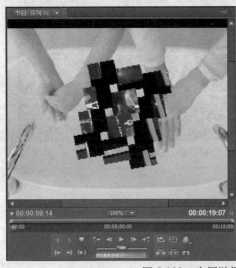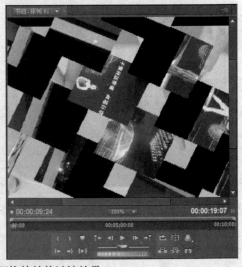

图 5-109　应用漩涡切换特效的过渡效果

## 5.4.9　特殊效果类切换

特殊效果类切换特效包括映射红蓝通道、纹理、置换 3 种效果。

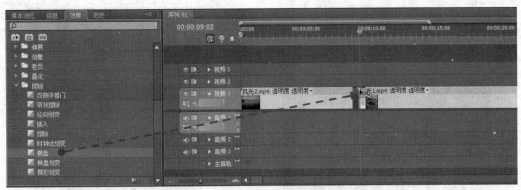

图 5-114　应用切换特效到素材之间

图 5-115　确定过渡包含重复帧

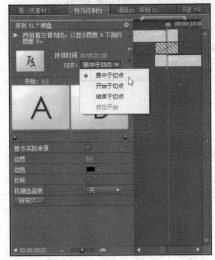

图 5-116　通过列表框设置对齐方式

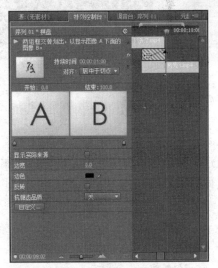

图 5-117　通过拖动编辑点设置对齐方式

　　**4**　将鼠标移到切换特效持续时间码上，左右拖动调整切换特效的持续时间，如图 5-118 所示。

　　**5**　选择【显示实际来源】复选框，显示实际来源，然后拖动监视框下方的控点，查看切换特效的效果，如图 5-119 所示。

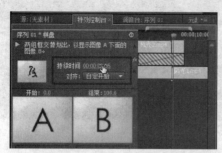

图 5-118　设置切换持续时间

图 5-119　查看切换效果

*6*　编辑完特效后，可以通过【节目】窗口播放素材，预览效果，如图 5-120 所示。

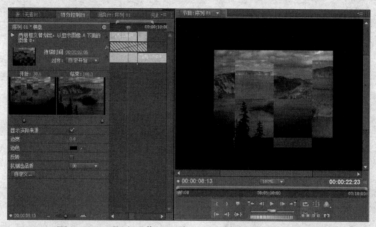

图 5-120　通过【节目】窗口播放素材预览切换效果

## 5.6　本章小结

本章先从基本操作讲起，介绍了查看和应用特效，以及编辑与管理特效的基本方法，然后通过典型示例，详细介绍了视频特效和切换特效的各个效果项目的作用和应用到素材上后的具体效果。

## 5.7　习题

一、填充题

（1）视频特效主要应用在_____，使之产生特殊效果和特殊用途的效果类型。

（2）切换特效主要应用在_____，让前一素材出点和后一素材入点的过渡产生特殊效果的效果类型。

（3）如果加入切换特效的某个素材长度不够，可以让切换过渡效果包含_____。

（4）可以通过_____来更改特效的默认设置，并对特效的效果进行详细的编辑。

（5）变换类型特效包括＿＿＿＿、＿＿＿＿、＿＿＿＿、＿＿＿＿、＿＿＿＿、＿＿＿＿、＿＿＿＿ 7 种特效。

二、选择题

（1）按下哪个快捷键可以打开【效果】面板？                                （  ）

    A. Shift+2         B. Shift+5         C. Shift+7         D. Shift+9

（2）在 Premiere Pro CS5 中，视频特效包含了多少种效果分类？            （  ）

    A. 11         B. 15         C. 16         D. 24

（3）以下哪种视频特效是模拟色彩传递中损失色彩的画面效果？            （  ）

    A. 灰度系数（Gamma）校正         B. 色彩传递

    C. 颜色平衡（RGB）         D. 颜色替换

（4）Premiere Pro CS5 提供了多少种切换效果？                          （  ）

    A. 8 种         B. 10 种         C. 12 种         D. 16 种

三、操作题

为【视频 1】轨道上的视频素材添加【颜色平衡（RGB）】视频特效，并通过【特效控制台】面板调整特效参数，修正视频画面的色彩效果，如图 5-121 所示。

图 5-121  素材添加视频特效的结果

**操作提示：**

（1）将【颜色平衡（RGB）】视频特效拖到素材上。

（2）打开【特效控制台】面板，参考如图 5-122 所示设置特效参数。

图 5-122  设置特效参数

# 第6章　调音台应用与音频处理

## 教学提要

Premiere Pro CS5 对声音处理提供了很多强大的功能，如实时录音、调整音量、应用音频特效等。本章将重点介绍 Premiere Pro CS5 调音台的应用，以及对音频素材进行各种处理等方法。

## 教学重点

➤ 了解 Premiere Pro CS5 的【调音台】面板
➤ 掌握通过【调音台】面板录音和调音的方法
➤ 掌握通过轨道进行调音的方法
➤ 掌握为音频素材应用和编辑特效的方法

## 6.1　【调音台】面板

Premiere Pro CS5 的【调音台】面板是用来录音和调整声音的主要场所。通过调音台可以实时调音、实时录音、应用和编辑音效等。

### 6.1.1　了解调音台

打开【窗口】菜单中【调音台】子菜单，并选择对应的序列选项，即可打开【调音台】面板，如图 6-1 所示。

除此以外，还可以在默认的程序界面中，单击【调音台】面板标题打开【调音台】面板，如图 6-2 所示。

图 6-1　通过菜单打开【调音台】面板

图 6-2　【调音台】面板

【调音台】面板由若干个轨道音频控制器、主音频控制器和播放控制器组成，如图 6-3 所示。每个控制器由控制按钮、调整杆调整音频。可以通过控制器调整音频的音量，或者通过控制按钮执行不同的操作，例如设置静音、激活录音等。

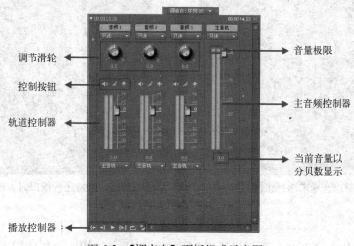

图 6-3 【调音台】面板组成示意图

1. 轨道控制器

轨道控制器用于调整与其相对应的轨道上的音频对象，其中轨道控制器 1 对应【音频 1】轨道，轨道控制器 2 对应【音频 2】轨道，以此类推，其数目由【时间线】面板中的音频轨道数目决定。

轨道控制器由控制按钮、调整滑轮及调整滑杆组成。

● 控制按钮：用于控制音频的调整状态，由静音轨道、独奏轨道、激活录制轨道 3 个按钮组成。

  ➢ 静音轨道：此轨道音频设置为静音状态。

  ➢ 独奏轨道：让其他轨道自动设置为静音状态。

  ➢ 激活录制轨：激活录制音频功能，以便在所选轨道上录制声音信息。

● 调节滑轮：用于控制左右声道声音。向左转动，左声道声音增大，向右转动，右声道声音增大。

● 音量调整滑杆：用于控制当前轨道音频对象的音量，向上拖动滑杆可以增加音量；向下拖动滑杆可以减小音量。

---

**提示**：音量调节滑杆下方的数值栏 "0.0" 中显示当前音量（以分贝数显示），也可以直接在数值栏中输入声音的分贝数。

---

2. 主音频控制器

主音频控制器可以调整【时间线】面板中所有轨道上的音频对象。主音频控制器的使用方法同轨道音频控制器相同，只是在主轨道的音量表顶部有两个小方块，表示系统能处理的音量极限，当小方块显示为红色时，表示音频音量超过极限，音量过大。如图 6-4 所示为音量未达到极限时的音频波动图示，如图 6-5 所示为音量达到极限时，极限图标出现红色。

图 6-4　音量未达到极限

图 6-5　音量达到极限时，图标出现红色

### 3．播放控制器

播放控制器位于【调音台】面板最下方，主要用于音频的播放，使用方法与【素材源】窗口下方的播放控制面板一样。

## 6.1.2　调音编辑模式

调整音量时可以设置"关"、"只读"、"锁存"、"触动"和"写入"5 种编辑模式，如图 6-6 所示。这些模式的说明如下：

- 关：系统会忽略当前音频轨道上的调整，仅按照默认的设置播放。
- 只读：系统会读取当前音频轨道上的调整效果，但是不能记录音频调整过程。
- 锁存：是指当使用自动模式功能实时播放记录调整数据时，每调整一次，下一次调整时调整滑块初始位置会自动转为音频对象在进行当前编辑前的参数值。
- 触动：是指当使用自动书写功能实时播放记录调整数据时，每调整一次，下一次调

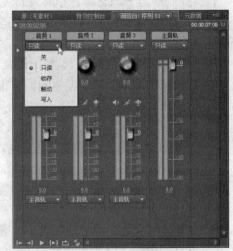

图 6-6　设置调音台的编辑模式

整时调整滑块在上一次调整后的位置，当单击停止按钮停止播放音频后，当前调整滑块会自动转为音频对象在进行当前编辑前的参数值。
- 写入：是指当使用自动书写功能实时播放记录调整数据时，每调整一次，下一次调整滑块在上一次调整后的位置。

## 6.2　调音台的应用

下面将通过实例介绍通过【调音台】面板进行录音和调音的操作方法。

### 6.2.1　使用调音台实时调音

【调音台】面板的功能与实物的调音台很相似，通过推动音量调整滑杆按钮来调音素材的音量。

---

**提示：** 在调整前，需要在【时间线】窗口的音频轨道上通过单击【显示关键帧】图标按钮来选择显示内容为【显示轨道音量】选项，如图 6-7 所示。

---

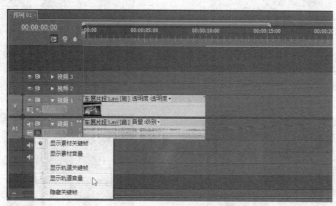

图 6-7　显示轨道音量

**上机实战　通过调音台实时调音**

*1*　打开光盘中的 "..\Example\Ch06\6.2.1.prproj" 练习文件，在【项目】窗口中选择【车展片段 2.avi】素材，然后将此素材拖到【时间线】窗口的视频 1 轨道上，如图 6-8 所示。

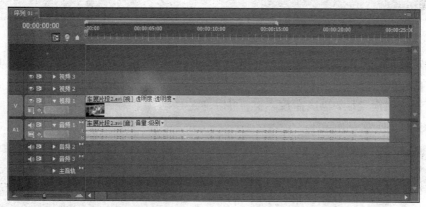

图 6-8　将素材加入轨道

*2*　在【节目】窗口的控制面板上单击【播放-停止切换】按钮，播放预览素材的声音效果，方便后续调音，如图 6-9 所示。此时可以通过【调音台】面板查看声音波动，如图 6-10 所示。

*3*　为了让调音的效果更加符合要求，在播放素材时可以使用鼠标在【调音台】面板上按住音量调整滑杆按钮，向上推动提高素材音量，如图 6-11 所示。

*4*　如果要降低音量时，可以使用鼠标在【调音台】面板上按住音量调整滑杆按钮，向下推动，如图 6-12 所示。

图 6-9　播放素材

图 6-10　查看声音播放效果

图 6-11　提高音量

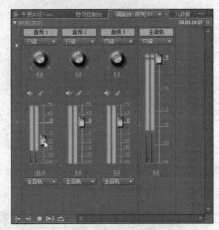

图 6-12　降低音量

　　**5**　确定目前设置的调音效果后，打开轨道的【编辑模式】列表框，然后选择【锁存】选项，将当前调音设置保存起来，如图 6-13 所示。

　　**6**　设置编辑模式后，再次播放素材，可以通过移动音量调整滑杆按钮来实时调整素材的音量，如图 6-14 所示。

图 6-13　设置调音编辑模式

图 6-14　再次实时调整音量

**7**　实时调整音量后，可以拉高音频 1 轨道，以查看音频线在调音后出现的变化，如图
6-15 所示，可以看到音频线呈现逐渐升高并维持在最高点的状态。途中逐渐升高的一段就是
由播放素材时边播放边推高音量调节滑杆控点而产生。

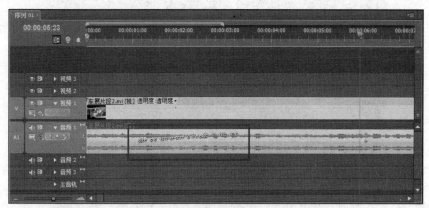

图 6-15　查看音频调整音量的结果

## 6.2.2　使用调音台实时录音

除了调音外，【调音台】面板还可以进行录音的操作，可以方便处理一些需要配音的影视
作品，例如一些教学影片，可以将影片通过调音台边播放边配音，以制作成一个带有声音讲
解的教学片。

**上机实战　通过调音台实时录音**

**1**　打开光盘中的"..\Example\Ch06\6.2.2.prproj"练习文件，在激活录音轨前，需要先设
置用于录音的音频硬件，即选择音频输入通道，如图 6-16 所示。如果没有正确设置的话，程
序会弹出提示信息，如图 6-17 所示。

图 6-16　激活录制轨

图 6-17　程序提示设置音频设备

**2**　选择【编辑】│【首选项】│【音频硬件】命令，单击【ASIO 设置】按钮，如图 6-18
所示。

**3**　打开【音频硬件设置】对话框后，选择【输入】选项卡，再选择【麦克风】复选框，

最后单击【确定】按钮，如图 6-19 所示。

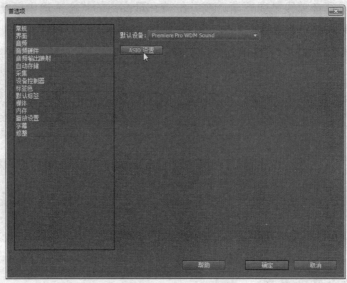

图 6-18  设置音频硬件

4  返回【调音台】面板，单击【音频 1】轨道控制器的【激活录制轨】按钮🎤，并选择输入设备为【麦克风】选项，如图 6-20 所示。

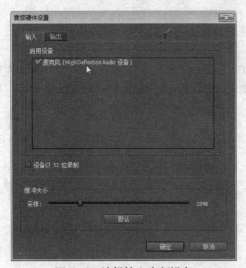

图 6-19  选择输入音频设备

图 6-20  激活录制轨

5  为了让录音效果更好，还需要对录制设备进行配置。单击任务栏的【扬声器】图标，再单击【合成器】链接，如图 6-21 所示。确保所有音量没有被设置为【静音】，然后单击【系统声音】按钮，打开【声音】设置对话框，如图 6-22 所示。

6  在【声音】对话框中选择【录制】选项卡，再选择合适的麦克风设备，然后单击【配置】按钮，如图 6-23 所示。

7  打开【语音识别】窗口后，单击【设置麦克风】链接，打开麦克风设置向导，如图 6-24 所示。在【麦克风设置向导】对话框中选择麦克风类型，然后单击【下一步】按钮，如图 6-25 所示。此时按照对话框的提示正确设置麦克风，再单击【下一步】按钮，如图 6-26 所示。

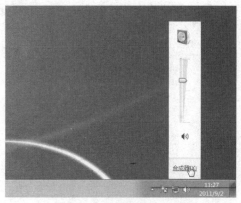

图 6-21　打开音量合成器

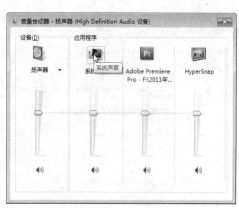

图 6-22　打开【声音】设置对话框

图 6-23　配置麦克风设备

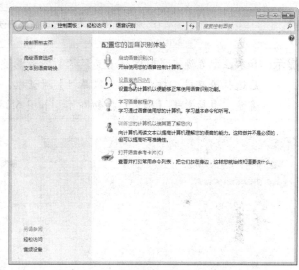

图 6-24　打开麦克风设置向导

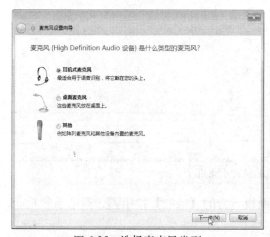

图 6-25　选择麦克风类型

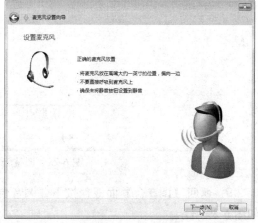

图 6-26　设置麦克风

*8*　按照对话框的提示朗读一段内容，以调整合适的麦克风音量，读完后进入下一步的操作。完成一系列配置后，可以让麦克风能够正常录音，单击【完成】按钮，完成配置，如图 6-27 所示。

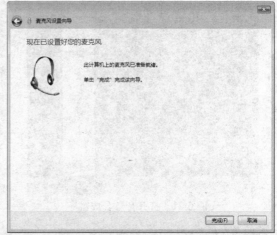

图 6-27  检测麦克风的音量并完成麦克风的配置

**提示：** 如果在配置麦克风时觉得麦克风录制的音量过大或过小，可以返回【声音】对话框，然后选择麦克风，打开【麦克风属性】对话框，选择【级别】选项卡，然后设置麦克风的音量，最后单击【确定】按钮即可，如图 6-28 所示。

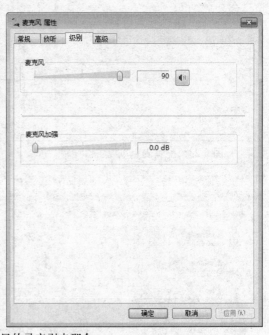

图 6-28  调整麦克风的录音引来那个

**9** 返回【调音台】面板，按下【调音台】面板下方的【录制】按钮，激活录制功能，如图 6-29 所示。

**10** 单击【调音台】面板左下方的【播放-停止切换】按钮，开始录制声音。可以通过麦克风根据播放的素材进行配音，如图 6-30 所示。

**11** 配音完成后，单击【播放-停止切换】按钮即可停止录音。此时录制的声音会装配到【音频 1】轨道上，如图 6-31 所示。

图 6-29　激活录制功能

图 6-30　开始录制声音

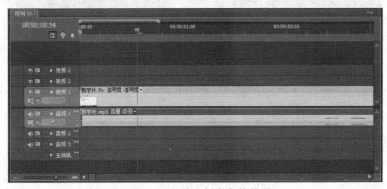

图 6-31　查看录制声音的结果

## 6.3　轨道调音的应用

在 Premiere Pro CS5 中，除了可以通过【调音台】面板进行调音外，还可以通过【时间线】窗口的轨道对音频素材甚至整个音频轨道进行调音。

### 6.3.1　调整音频素材音量

在音频轨道中提供了【显示素材音量】的方式，可以此方式调整指定素材的音量。

**上机实战　通过音频轨道调整素材音量**

*1*　打开光盘中的 "..\Example\Ch06\6.3.1.prproj" 练习文件，单击【时间线】窗口左侧的【显示素材关键帧】按钮，并从弹出的菜单中选择【显示素材音量】选项，如图 6-32 所示。

*2*　使用鼠标按住【音频 1】轨道的下边缘，向下拖动扩大【音频 1】轨道，以方便后续的调音处理，如图 6-33 所示。

*3*　在【音频 1】轨道上可以看到有一条黄色的线，这条线就是音量线。当想要提高素材音量时，可以使用【选择工具】移到黄线上，然后按住黄线向上拖动，即可提高素材的音量，提高音量的具体数值会显示在鼠标旁，如图 6-34 所示。

*4*　当需要降低素材音量时，可以使用【选择工具】按住黄线向下拖动，降低音量的具

体数值同样会显示在鼠标旁，如图 6-35 所示。

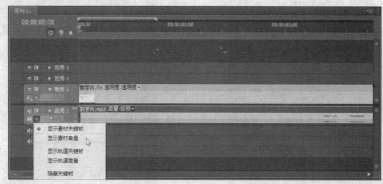

图 6-32　显示素材音量

图 6-33　扩大【音频 1】轨道

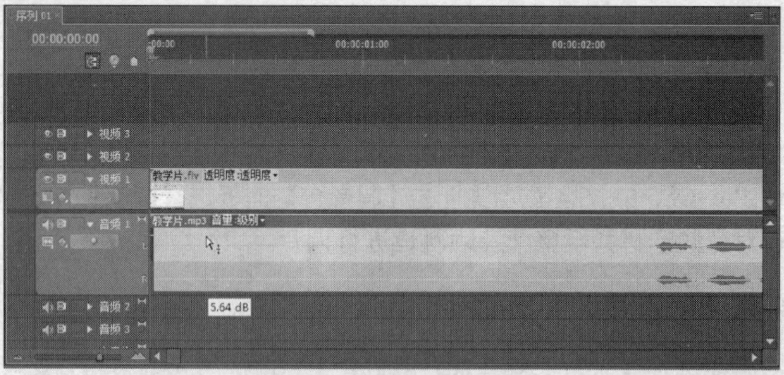

图 6-34　提高素材音量

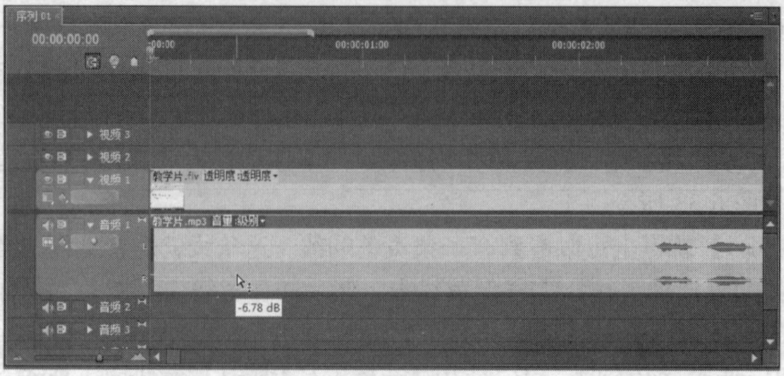

图 6-35　降低素材音量

提示：当双击音频轨道的音频时，可以将音频素材添加到【素材源】窗口，通过【素材源】
　　　窗口播放音频，如图 6-36 所示。

图 6-36　双击音频素材将

## 6.3.2　调整轨道音量

如果想要调整整个音频轨道的音量，可以使用【显示轨道音量】的方式调音，通过这种
方式调音会影响当前轨道所有音频素材的音量。

**上机实战　通过音频轨道调整整个轨道音量**

*1*　打开光盘中的"..\Example\Ch06\6.3.2.prproj"练习文件，单击【时间线】窗口左侧的【显
示素材关键帧】按钮，并从弹出的菜单中选择【显示轨道音量】选项，如图 6-37 所示。

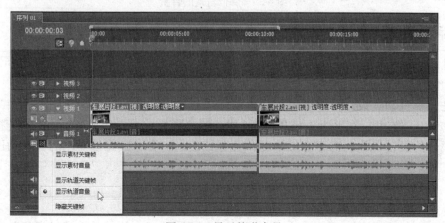

图 6-37　显示轨道音量

**2** 如果想要提高轨道上所有素材的音量时，可以使用【选择工具】⬚按住黄线向上拖动，提高轨道的音量，如图 6-38 所示。

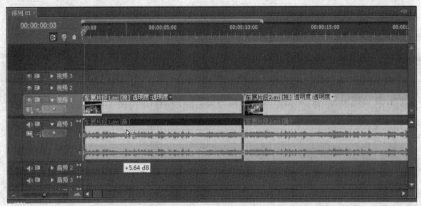

图 6-38　提高轨道的音量

> **提示：** 显示轨道音量后，调整音量线会影响轨道所有素材的音量，因此在图 6-38 中我们可以看到，拖动音量线时，所有素材的音量线一并移动。

**3** 如果想要降低轨道上所有素材的音量时，可以使用【选择工具】⬚按住黄线向下拖动，降低轨道的音量，如图 6-39 所示。

图 6-39　降低轨道的音量

### 6.3.3　通过关键帧来调音

通过调整轨道的音量线会影响素材的整体音量。如果要更自由地控制素材的音量，可以通过添加关键帧的方法来调音。

帧是计算机动画或影片的术语，是指动画或影片中最小单位的单幅画面，相当于电影胶片上的每一格镜头。在 Premiere Pro CS5 中，帧表现为一个点标记，而关键帧是指一个能够定义属性的关键标记。对于音频来说，关键帧是指定义音频音量变化的关键动作所处的那一帧。

**🐭 上机实战　通过关键帧来调音**

**1** 打开光盘中的 "..\Example\Ch06\6.3.3.prproj" 练习文件，单击【时间线】窗口左侧

的【显示素材关键帧】按钮 ![icon]，并从弹出的菜单中选择【显示轨道关键帧】选项，如图 6-40
所示。

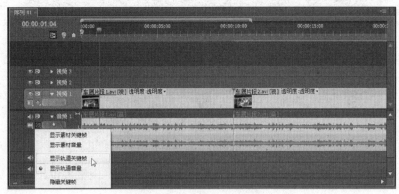

图 6-40　显示轨道关键帧

*2*　将【时间线】窗口的播放指针移到需要插入关键帧的位置，然后单击【添加-移除关
键帧】按钮 ![icon]，在播放指针位置上插入关键帧，如图 6-41 所示。

图 6-41　在播放指针位置添加关键帧

*3*　根据步骤 2 相同的方法，分别在素材不同的时间点上添加关键帧，以用于后续音量的
调整，如图 6-42 所示。

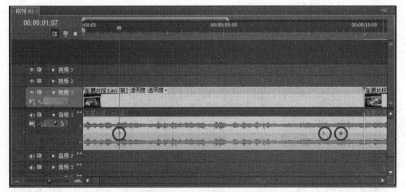

图 6-42　添加多个关键帧

*4*　在【工具箱】面板中选择【钢笔工具】 ![icon]，然后选择第一个关键帧，并向下拖动关键
帧，以降低关键帧所在位置的音量，如图 6-43 所示。

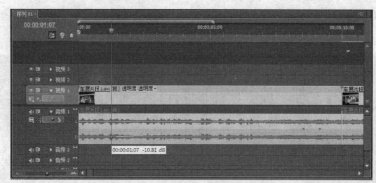

图 6-43　降低第一个关键帧的音量

**5**　使用步骤 4 的方法，分别调整其他两个关键帧的位置，调整关键帧的音量，结果如图 6-44 所示。

图 6-44　调整其他关键帧的音量

### 6.3.4　应用音量曲线调音

在默认的情况下，关键帧之间以直线连接，也就是说关键帧之间的音量是直线变化。这样的音量变化是线性变化，其声音大小的过渡不够平滑。可以让关键帧之间以曲线连接，让音量以曲线方式进行过渡，使声音更加圆润平滑。

**上机实战　以曲线控制素材音量**

**1**　打开光盘中的"..\Example\Ch06\6.3.4.prproj"练习文件，选择音量线上的关键帧，然后单击右键并从弹出的菜单中选择【曲线】命令，如图 6-45 所示。

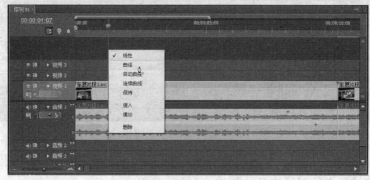

图 6-45　设置关键帧的线性

*2*　此时关键帧上出现一条蓝色的控制线，可以使用鼠标按住控制线的一端，并拖动鼠标，以调整曲线的形状，如图 6-46 所示。

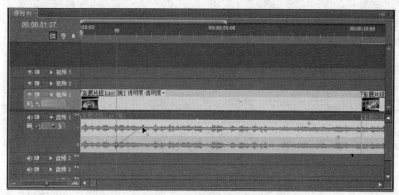

图 6-46　调整曲线的形状

*3*　选择音量线上第二个关键帧，然后单击右键并从弹出的菜单中选择【自动曲线】命令，如图 6-47 所示。

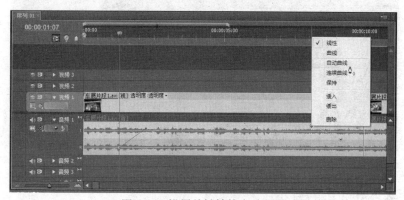

图 6-47　设置关键帧的自动曲线

*4*　选择音量线上第三个关键帧，然后单击右键并从弹出的菜单中选择【连续曲线】命令，让该关键帧段的曲线与上个关键帧曲线相连续，如图 6-48 所示。

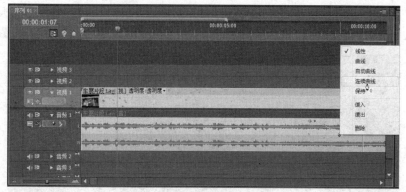

图 6-48　设置关键帧的连续曲线

*5*　使用鼠标按住第三个关键帧曲线的控制线的一端，并拖动鼠标，以调整曲线的形状，如图 6-49 所示。

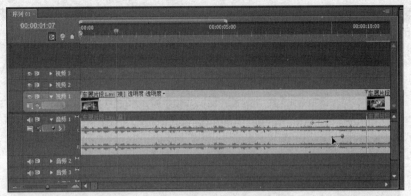

图 6-49　调整关键帧之间的连线形状

**6**　当需要删除音量线的关键帧时，可以在关键帧上单击右键，然后选择【删除】命令，如图 6-50 所示。

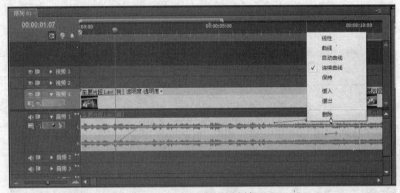

图 6-50　删除关键帧

### 6.3.5　制作缓入和缓出的音乐

本例将通过关键帧和线曲线的方式，为宣传片头制作缓入和缓出的背景音乐效果。

**上机实战**　制作缓入和缓出音乐

**1**　打开光盘中的 "..\Example\Ch06\6.3.5.prproj" 练习文件，在【工具箱】面板中选择【选择工具】，然后按住【Ctrl】键，在音频音量线开始处单击，添加关键帧，如图 6-51 所示。

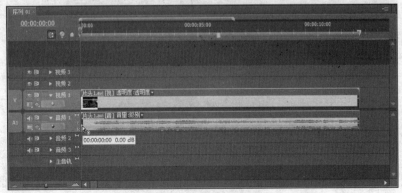

图 6-51　添加第一个关键帧

*2* 使用步骤 1 相同的方法，在音频音量线其他位置上添加关键帧，以用于后续制作缓入和缓出效果，如图 6-52 所示。

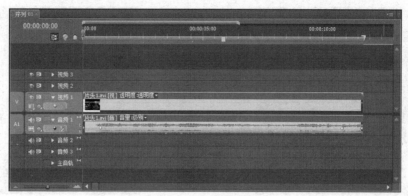

图 6-52 添加其他关键帧

*3* 选择第一个关键帧，并向下拖动关键帧，以降低关键帧所在位置的音量，使用相同的方法，降低最后一个关键帧的音量，如图 6-53 所示。

图 6-53 调整关键帧的位置

*4* 选择第一个关键帧，然后单击右键并从弹出的菜单中选择【缓入】命令，如图 6-54 所示。

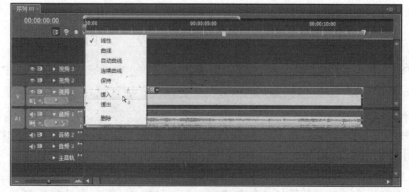

图 6-54 设置音量的缓入

*5* 按住关键帧上蓝色控制线的一端，然后拖动鼠标调整曲线的形状，让曲线平滑过渡，如图 6-55 所示。

　　**6** 选择最后一个关键帧，然后单击右键并从弹出的菜单中选择【缓出】命令，如图 6-56 所示。接着按住关键帧上蓝色控制线的一端，拖动鼠标调整曲线的形状，如图 6-57 所示。

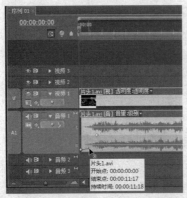

图 6-55　调整缓入音量线的形状

图 6-56　设置音量缓出

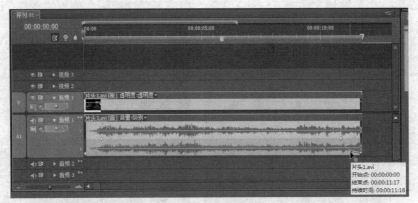

图 6-57　调整缓出音量线的形状

# 6.4　应用音频特效与过渡

　　在 Premiere Pro CS5 中，不仅提供了各种视频特效，还提供了不同效果的音频特效和音频过渡效果。可以利用音频特效改变声音的效果，也可以利用音频过渡特效让素材声音的衔接更佳融合。

## 6.4.1　音频特效与音频过渡

　　Premiere Pro CS5 的音频特效分为"5.1"、"立体声"和"单声道"3 种类型，共提供了 80 种效果，如图 6-58 所示。

　　除了音频特效，Premiere Pro CS5 还提供了音频过渡特效，包括恒定功率、恒定增益、指数型淡入淡出 3 种效果，如图 6-59 所示。

---

　　**提示：** 不同音频特效类型的效果仅对相同模式音频素材有效，例如单声道类型的特效只对单声道音频有效。要查看音频素材的类型，可以在音频素材上单击右键，选择【属性】命令，打开【属性】对话框后可以查看音频是单声道还是立体声，如图 6-60 所示。

---

图 6-58　音频特效列表

图 6-59　音频过渡特效列表

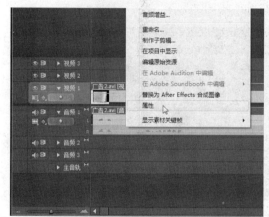

图 6-60　查看音频的属性

## 6.4.2　为素材应用音频特效

打开音频特效列表，选择一种效果，将效果项目拖到音频素材上就可以应用该特效，如图 6-61 所示。

图 6-61　应用音频特效

### 6.4.3 为素材应用音频过渡

为了让不同音频素材声音的过渡效果更佳，可以为音频素材添加过渡特效。只需将过渡效果拖到前一素材的出点或下一素材入点即可。

当拖动过渡特效到两个音频素材的编辑点时，可以交互地控制过渡的对齐方式。如图 6-62 所示为将过渡特效应用到音频出点，如图 6-63 所示为将过渡特效应用到音频的入点。

图 6-62    将过渡特效应用到素材出点

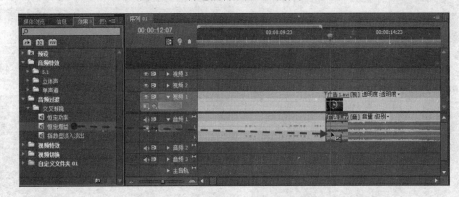

图 6-63    将过渡特效应用到音频的入点

### 6.4.4 为音频轨道应用特效

可以通过【调音台】面板为不同的音频轨道添加特效，并可以对特效进行各项设置。

**上机实战  为音频轨道应用特效**

*1*  打开光盘中的 "..\Example\Ch06\6.4.4.prproj" 练习文件，打开【调音台】面板，然后单击面板左上方的三角形按钮，显示【效果与发送】区域，如图 6-64 所示。打开【效果选择】列表框，然后选择一种音频效果即可，如图 6-65 所示。

*2*  如果一种音频效果不够，可以应用多种特效，但最多不能超过 5 种。如图 6-66 所示为音频轨道应用 4 种特效的结果。

图 6-64    显示【效果与发送】区域

图 6-65　为音频轨道应用音频效果

图 6-66　应用多种音频特效

# 6.5　音频素材特效的其他处理

当特效应用到音频素材或音频轨道后，可以根据设计的需求进行其他处理，例如编辑音频特效、将特效存储为预设、清除特效等。

## 6.5.1　通过特效控制台编辑特效

与视频特效一样，音频类型的特效也可以通过【特效控制台】面板进行编辑。

**上机实战　通过特效控制台编辑音频效果**

*1*　打开光盘中的"..\Example\Ch06\6.5.1.prproj"练习文件，选择一个音频特效，然后应用到音频素材上，如图 6-67 所示。

图 6-67　应用音频特效

*2*　打开【特效控制台】面板，再打开特效项目的【预设】菜单，选择一种预设方案，如图 6-68 所示。

*3*　打开【自定义设置】项目的列表，设置音频特效的参数，如图 6-69 所示。

*4*　编辑音频特效后，可以通过【节目】窗口播放素材，以检查调整音频特效后的声音效果，如图 6-70 所示。

图 6-68 设置预设方案

图 6-69 自定义特效参数

图 6-70 播放素材检查音效

## 6.5.2 将音频特效存储为预设

应用到素材上的音频特效，在经过编辑后可以存储为预设特效，以便下次直接套用编辑后的音频特效。

打开【特效控制台】面板，在音频特效项目上单击右键并选择【存储预设】命令，在弹出的【存储预设】对话框中设置属性后单击【确定】按钮即可将音频特效存储为预设。如图 6-71 所示。

图 6-71 将音频特效存储为预设

### 6.5.3 清除素材和轨道的特效

**1. 清除音频素材的特效**

清除音频素材特效的方法有如下 3 种：

**方法 1** 可以通过【特效控制台】面板清除音频素材上的特效，如图 6-72 所示。

**方法 2** 直接在轨道音频素材的右键快捷菜单中选择【清除】命令进行清除。

**方法 3** 在音频轨道上单击右键，然后从弹出的菜单中选择【移除效果】命令，接着在打开的对话框中选择【音频滤镜】复选框，最后单击【确定】按钮，如图 6-73 所示。

图 6-72 通过特效控制台清除音频特效

图 6-73 通过素材快捷菜单清除音频特效

**2. 清除音频轨道的特效**

如果要清除应用在轨道上的音频特效，可以打开【特效控制台】面板中的音频效果列表框，选择【无】选项即可，如图 6-74 所示。

**3. 清除音频过渡特效**

如果要清除应用在音频素材上的过渡特效，可以在轨道上选择过渡编辑点，然后单击右键并选择【清除】命令即可，如图 6-75 所示。

图 6-74 清除应用在轨道上的特效

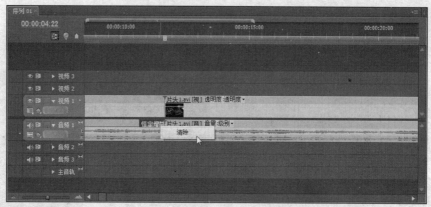

图 6-75　清除音频过渡效果

## 6.6　课堂实训

通过一个广告片头实例，介绍通过【调音台】面板编辑音频轨道特效的方法。

**上机实战　通过调音台编辑音频效果**

*1*　打开光盘中的 "..\Example\Ch06\6.7.prproj" 练习文件，打开【调音台】面板中的【效果与发送】区域，查看应用到音频轨道的特效，如图 6-76 所示。

*2*　在【效果】列表框中选择一种效果，然后在效果下方选择一种参数选项，再拖动【设置所选择参数值】旋钮，调整效果的参数，如图 6-77 所示。

图 6-76　查看应用在音频轨道的效果

图 6-77　设置选定项的参数

*3*　打开效果参数下拉列表框，选择另外一个参数项，然后拖动【设置所选择参数值】旋钮，调整效果的参数，如图 6-78 所示。

*4*　如果要对音频特效进行更详细的设置，可以在效果项目上单击右键，从打开的菜单中选择【编辑】命令，如图 6-79 所示。

*5*　打开编辑器后，选择【Mid1】和【Mid2】复选框，并调整两个电平控点的位置和曲线形状，如图 6-80 所示。

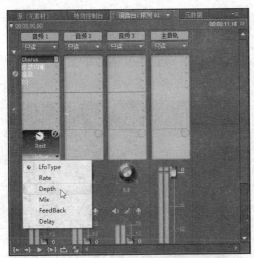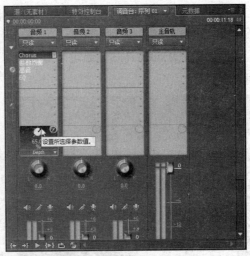

图 6-78　更改参数选项并设置参数

图 6-79　编辑音频效果项目

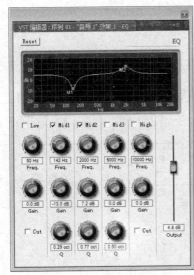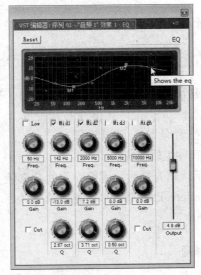

图 6-80　通过编辑器编辑音频效果

　　**6** 完成编辑后，在音频特效项目上单击右键，然后从弹出的菜单中选择【安全期间写入】命令，将编辑的结果应用到音频上，如图 6-81 所示。

　　**7** 完成上述的操作后，通过【节目】窗口播放素材，检查声音播放的效果，如图 6-82 所示。

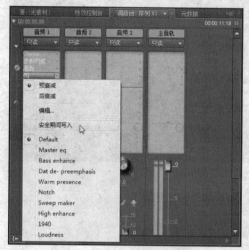

图 6-81　写入音频特效设置

图 6-82　预览素材播放效果

## 6.7　本章小结

　　本章主要讲解了在 Premiere Pro CS5 中音频处理的知识。其中包括通过【调音台】面板录音和调音、通过【时间线】窗口的轨道进行调音、应用音频特效和过渡特效，以及对音频特效的各种处理等内容。

## 6.8　习题

### 一、填充题

　　（1）【调音台】面板由＿＿＿＿＿＿＿＿＿＿、＿＿＿＿＿＿＿＿＿＿和＿＿＿＿＿＿＿组成。

　　（2）轨道音频控制器的空置按钮的用于控制音频调整的调整状态，由＿＿＿＿＿＿、＿＿＿＿＿＿、＿＿＿＿＿＿3 个按钮组成。

　　（3）调整音量时，可以设置＿＿＿＿＿＿、＿＿＿＿＿＿、＿＿＿＿＿＿、＿＿＿＿＿＿和＿＿＿＿＿＿5 种编辑模式。

　　（4）显示轨道音量后，调整音量线会影响＿＿＿＿＿＿＿＿＿＿的音量。

　　（5）Premiere Pro CS5 的音频特效分为了＿＿＿＿＿＿、＿＿＿＿＿＿和＿＿＿＿＿＿3 种类型。

### 二、选择题

　　（1）Premiere Pro CS5 提供的音频过渡特效不包括以下哪个效果？　　　　　　　（　　）

　　A. 恒定功率　　　　　　　　　　B. 指数型淡入淡出
　　C. 恒定增益　　　　　　　　　　D. 重低音

（2）当素材的音量达到极限时，【调音台】面板上主音频控制器的极限图标会出现什么颜色？　　　　　　　　　　　　　　　　　　　　　　　　　　　　（　　）

　　A. 绿色　　　　　B. 蓝色　　　　　C. 黄色　　　　　D. 红色

（3）通过【调音台】面板，最多可以给同一个音频轨道添加几种音频特效？　　（　　）

　　A. 2　　　　　　　B. 5　　　　　　　C. 10　　　　　　D. 无限制

## 三、操作题

为序列上的教学影片素材录音，通过轨道来提高或降低配音的音量（似乎录音音量的高低），并为录音应用一种立体声特效，以改善声音的播放效果，如图 6-83 所示。

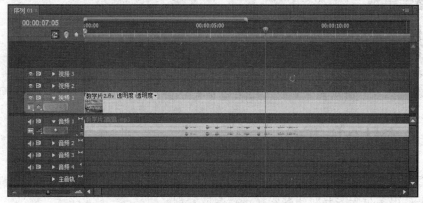

图 6-83　为教学影片录音的结果

**操作提示：**

（1）在激活录音轨前，需要先设置用于录音的音频硬件。

（2）设置音频硬件后返回【调音台】面板，单击【音频 1】轨道控制器的【激活录制轨】按钮，并选择输入设备为【麦克风】选项。

（3）按下【调音台】面板下方的【录制】按钮，激活录制功能。

（4）单击【调音台】面板左下方的【播放-停止切换】按钮，开始录制声音。此时可以通过麦克风根据播放的素材进行配音。

（5）要停止录音时，再次单击【播放-停止切换】按钮。

（6）单击【时间线】窗口左侧的【显示素材关键帧】按钮，并从弹出菜单中选择【显示轨道音量】选项。

（7）使用【选择工具】按住音量线上下拖动调整轨道的音量。

（8）打开音频特效列表，然后选择一种立体声音频效果，并将效果项目拖到音频素材上，应用该特效。

# 第 7 章　视频轨覆叠素材合成处理

## 教学提要

Premiere Pro CS5 的时间线序列是一个多轨道组成的程序组件，可以利用序列的多轨道特性，让不同的素材覆叠在一起。利用一些技巧可以让这些覆叠的素材制成一种合成的效果，从而让素材在屏幕的播放效果更加出色。本章就是详细介绍轨道上覆叠素材和合成处理的方法。

## 教学重点

➢ 了解影像合成的概念和规则
➢ 掌握设置素材透明度的各种方法
➢ 掌握应用视频特效为素材设置透明的方法
➢ 掌握应用视频特效为素材设置遮罩的方法

## 7.1　覆叠素材合成基础

由于直接覆叠的素材播放时没有融合的效果，而为了让不同的覆叠素材产生融合或一些特殊的效果，很多时候需要对覆叠素材进行合成处理。

### 7.1.1　关于合成

在默认状态下视频素材是完全不透明的，合成则需要定义素材全部或部分出现透明。当素材的某部分是透明时，透明信息会存储在素材的 Alpha 通道中。通过堆叠轨道可以将素材透明部分合成在一起，并通过使用素材的颜色通道在低层轨道素材中创建效果，如图 7-1 所示为利用素材透明部分产生影像合成的效果。

图 7-1　通过合成素材透明部分而产生的合成效果

---

**提示:** 影视作品中的影像一般是由 3 个通道（Red 通道、Green 通道和 Blue 通道）合成的。
这样的影像称为 RGB 影像。RGB 影像中还包含有第四个通道——Alpha 通道，Alpha
通道用来定义影像中的哪些部分是透明的或者半透明的。

---

### 7.1.2　透明信息

在 Premiere Pro CS5 中，当在【节目】窗口中查看 Alpha 通道时，白色区域表示不透明，
黑色区域表示透明，而灰色区域表示不同程度的透明。

因为 Alpha 通道使用灰度深浅来存储透明信息，所以有些效果可以使用一个灰度图像（或
一个彩色图像的亮度值）作为一个 Alpha 通道。如图 7-2 所示为原不透明的视频素材，显示
Alpha 通道后，素材变成白色，即表示不透明。如图 7-3 所示为设置 50% 透明的视频素材，
显示 Alpha 通道后，素材变成灰色，即表示不完全透明。

图 7-2　原不透明素材与显示 Alpha 通道后的结果

图 7-3　原 50% 透明素材与显示 Alpha 通道后的结果

### 7.1.3 定义透明

必须保证素材有部分透明才能合成素材，因此在合成素材时，需要去定义素材的透明。在 Premiere Pro CS5 中，可以通过 Alpha 通道、遮罩、蒙版、键控等方式来定义素材的透明。

#### 1．Alpha 通道

Alpha 通道是 RGB 颜色通道中用来定义素材透明区域的附加通道。Alpha 通道表示透明，但自身通常是不可见的。Alpha 通道提供了一个将素材和它的透明信息存储在同一个文件中而并不妨碍颜色通道的方法，如图 7-4 所示。

图 7-4　Alpha 通道与所有通道合成的结果

#### 2．遮罩

遮罩的本质还是 Alpha 通道，有时候遮罩用来作为 Alpha 通道的另一种称谓，用来描述对 Alpha 通道的修改过程。

#### 3．蒙版

蒙版是指用来定义或修改自身素材或其他素材的透明区域的一个文件或通道。当具有能比 Alpha 通道更好的定义所需要的透明区域的通道或素材时，可以使用蒙版。当然，即使素材不具有 Alpha 通道，也可以使用蒙版定义透明区域。如图 7-5 所示为使用一个彩色蒙版定义素材透明的效果。

图 7-5　使用一个彩色蒙版定义素材透明的效果

### 4．键控

键控是指通过影像特定的颜色（色键）或亮度（亮键）来定义透明，与键控颜色匹配的像素将变成透明。

可以通过键控来消除一个统一颜色的素材，例如消除统一颜色为蓝色的背景。如图 7-6 所示为原影像和应用【蓝屏键】键控的效果。

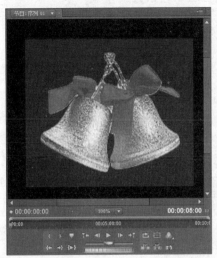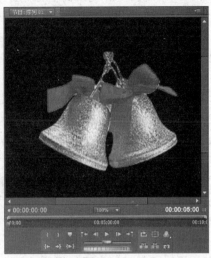

图 7-6　原影像和应用【蓝屏键】键控的效果

## 7.1.4　合成素材的规则

每一个在【时间线】窗口中的视频轨道都包含一个存储透明信息的 Alpha 通道，所有的视频轨道可以是完全透明，除非添加了不透明的内容，例如视频、图像或字幕等。

当进行素材和轨道合成时，应该遵循以下 4 个规则：

（1）如果要对整个素材应用同样程度的透明度，只需在【特效控制台】面板中调整素材的透明度。

（2）实际工作中使用最多也最有效的是输入包含 Alpha 通道的素材，以此定义需要透明的区域。在默认的状态下，Premiere Pro CS5 会在使用素材的序列中保持和显示素材的透明度，如图 7-7 所示。

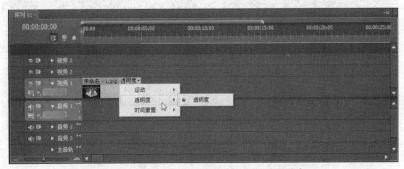

图 7-7　素材在序列上保持和显示透明度

（3）如果一个源素材不包含 Alpha 通道，就必须人为地应用透明度给个别需要透明的素材片段，即可以通过调整素材的不透明性或应用效果，对序列中的素材应用透明。

（4）如果确定需要在源文件中提供透明信息，而且存储的文件格式又能够支持 Alpha 通道的话，可以通过第三方软件提供存储包含 Alpha 通道的素材，例如 After Effects、Photoshop 软件等。

---

**提示：** Premiere Pro CS5 在合成素材时从较低的轨道开始，而最终的视频帧将是所有可见轨道素材的合成，所有轨道的空白或透明区域均显示为黑色。

---

## 7.2 定义素材透明效果

对于纯粹改变透明度的合成处理，可以通过【特效控制台】面板或【时间线】窗口定义素材的透明度。

### 7.2.1 通过特效控制台定义透明

要定义素材的透明，可以通过【特效控制台】面板设置素材的不透明度低于 100%来实现。这种方法会影响素材的整体透明度，即设置素材不透明度低于 100%后，素材从入点到出点都产生透明效果。

**上机实战 通过特效控制台定义透明**

*1* 打开光盘中的 "..\Example\Ch07\7.2.1.prproj" 练习文件，然后将【项目】窗口的视频素材拖到【视频 1】轨道上，如图 7-8 所示。

图 7-8 将视频素材加入轨道

---

**提示：** 如果一个素材的不透明度设置低于100%，在它下面轨道的素材就可以看见；如果不透明度为0%时，这个素材是完全透明度的；如果在透明素材的下面没有其他素材，序列就会显示黑色背景。

---

*2* 打开【特效控制台】面板中的【透明度】列表，设置透明度为 50%，如图 7-9 所示。

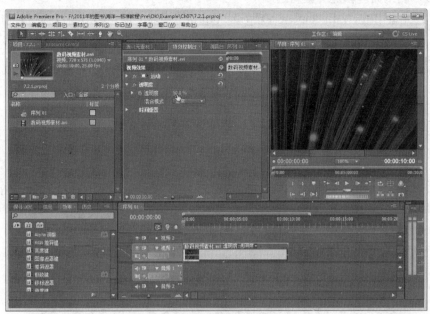

图 7-9 设置素材的透明度

---

**提示：** 在【特效控制台】面板中提供了【透明度】选项设置，如图 7-9 所示中【透明度】选项的含义是不透明度，即当该选项为 100% 时，表示不透明度为 100%，即完全不透明；当该选项为 0% 时，表示不透明度为 0，即完全透明。

---

*3* 设置素材的透明度后，单击【节目】窗口的【播放-停止切换】按钮，查看素材的透明效果，如图 7-10 所示。

 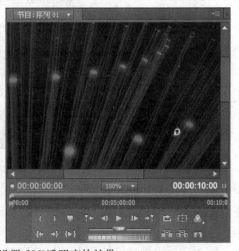

图 7-10 未设透明度与设置 50% 透明度的效果

## 7.2.2 利用关键帧定义素材透明

利用关键帧可以定义素材在某点的透明，从而可以控制素材的透明变化。

上机实战　利用关键帧定义素材透明

*1*　打开光盘中的 "..\Example\Ch07\7.2.2.prproj" 练习文件，然后将【项目】窗口的【动物 04.avi】视频素材拖到【视频 2】轨道上，如图 7-11 所示。

图 7-11　将视频素材加入轨道

*2*　选择【视频 2】轨道的素材，在【节目】窗口的监视器中缩小素材的尺寸，如图 7-12 所示。

图 7-12　缩小素材的尺寸

*3*　打开【特效控制台】面板，将蓝色的播放指针控点拖到素材入点处，然后打开【透明度】列表并单击【添加/移除关键帧】按钮，在素材入点处添加一个关键帧，设置该关键帧的透明度为 0%，如图 7-13 所示。

*4*　移动蓝色的播放指针控点，然后打开【透明度】列表并单击【添加/移除关键帧】按钮，在素材的前段处添加一个关键帧，设置该关键帧的透明度为 100%，如图 7-14 所示。

*5*　设置素材的透明度后，单击【节目】窗口的【播放-停止切换】按钮，查看素材的透明效果，如图 7-15 所示。

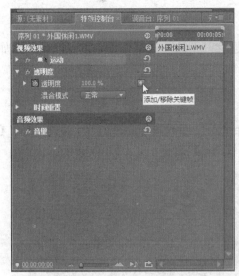
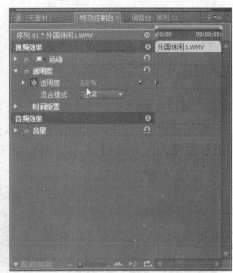

图 7-13 添加关键帧并设置透明度

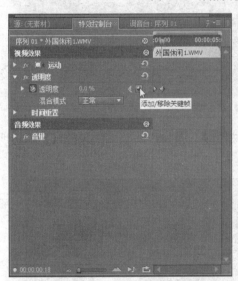
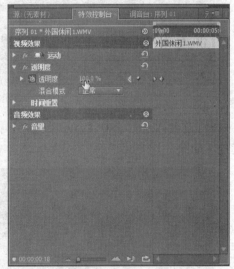

图 7-14 添加另一个关键帧并设置透明度

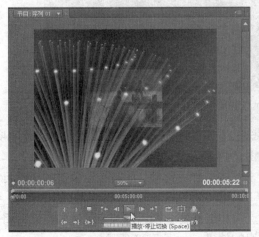

图 7-15 素材从完全透明渐变成不透明

### 7.2.3　通过轨道定义素材透明

通过【时间线】窗口的轨道可以定义整个素材乃至轨道的透明度，更可以通过添加关键帧，定义素材任意位置的透明度。

**上机实战　通过轨道定义素材透明**

*1*　打开光盘中的 "..\Example\Ch07\7.2.3.prproj" 练习文件，将【项目】窗口的【风光1.mp4】素材和【风光 2.mp4】素材分别拖到【视频 1】轨道上，如图 7-16 所示。

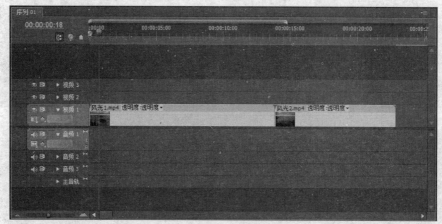

图 7-16　将素材装配到序列

*2*　在轨道名称左侧单击【显示关键帧】按钮，在弹出的菜单中选择【显示透明度控制】选项，如图 7-17 所示。

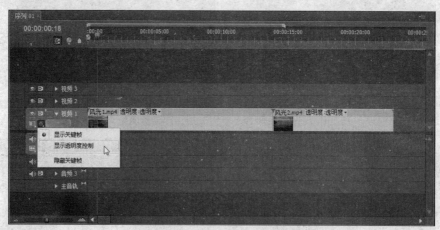

图 7-17　显示透明度控制

*3*　将鼠标移到视频轨道素材的黄色透明线上，向下移动透明线即可设置素材的透明度，其中鼠标下方显示的数值就是透明度数值，如图 7-18 所示。

*4*　按住【Ctrl】键在第二个素材的透明线上单击添加关键帧，此时按住关键帧拖动可调整该关键帧所控制透明线的透明度，如图 7-19 所示。

*5*　使用步骤 4 的方法，在第二个素材出点前和出点处分别添加两个关键帧，然后将出点处的关键帧设置成完全透明，以制作视频淡出的效果，如图 7-20 所示。

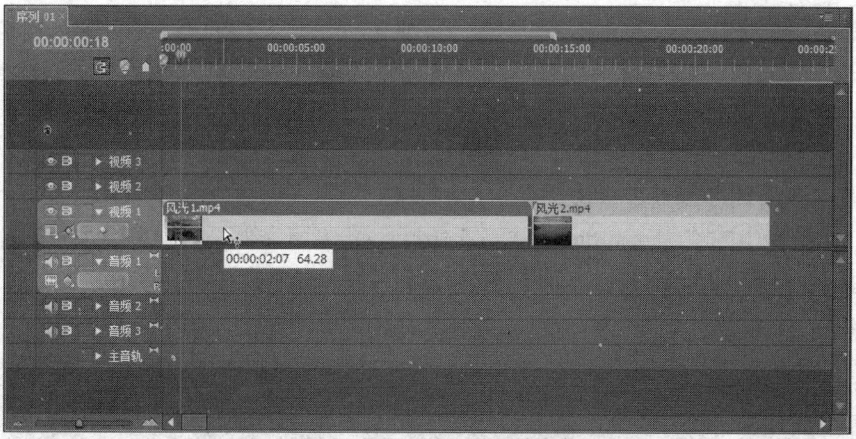

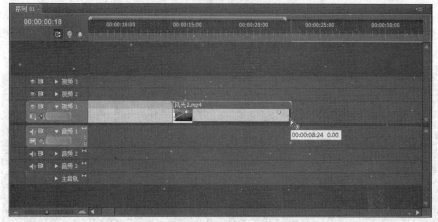

图 7-18　拖动透明线调整透明度

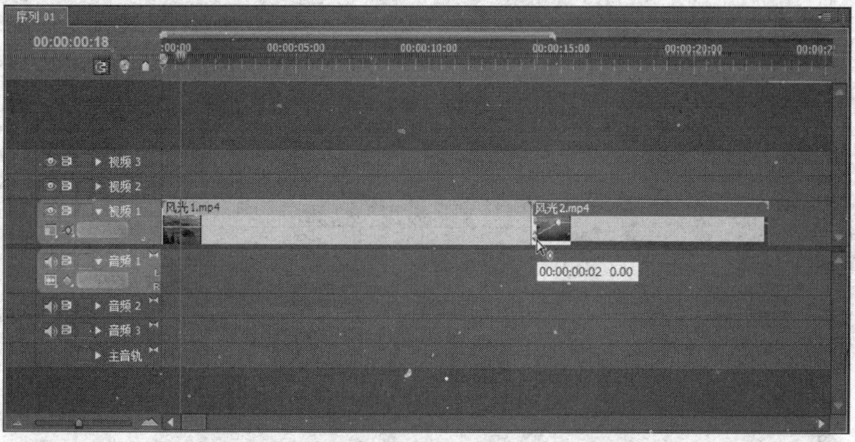

图 7-19　插入关键帧

图 7-20　调整关键帧的透明度

## 7.3　应用键控处理合成

使用键控可以根据颜色、亮度、透明度来定义素材的透明属性。下面将通过几个典型的键控功能，详细介绍应用键控处理影像合成的方法。

### 7.3.1 应用色度键

应用色度键可以选择素材中的一种颜色或一定的颜色范围使其变透明。这种键控可以用于以包含一定颜色范围的屏幕为背景的场景，例如从背景为蓝色的图片中抠出里面的影像。

**上机实战 应用色度键处理合成**

*1* 打开光盘中的"..\Example\Ch07\7.3.1.prproj"练习文件，然后将【项目】窗口的【人像】素材拖到【视频 2】轨道上，如图 7-21 所示。

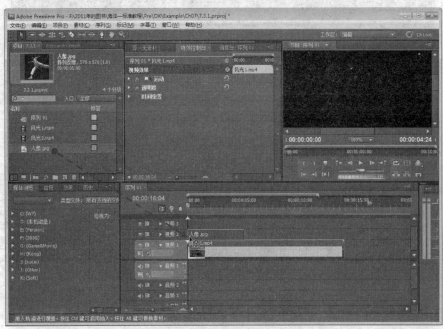

图 7-21 将图像素材加入轨道

*2* 按住图像素材的出点向右拖动，使图像素材的持续时间与【视频 1】轨道的素材一样，如图 7-22 所示。

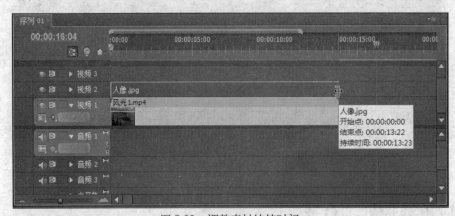

图 7-22 调整素材持续时间

*3* 在【效果】面板中打开【视频特效】|【键控】列表，然后选择【色度键】效果，并将此效果拖到图像素材上，如图 7-23 所示。

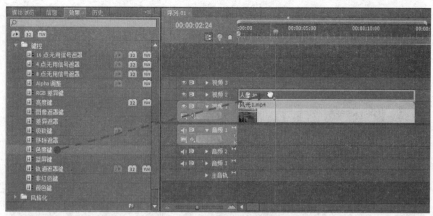

图 7-23　将【色度键】特效应用到图像素材

**4**　在【特效控制台】面板中打开【色度键】列表，单击【颜色】选项右侧的吸管图标，在【节目】窗口的监视器上吸取图像素材的背景色，如图 7-24 所示。

图 7-24　设置色度键的颜色

**5**　设置色度键颜色后，再设置色度键的【相似性】参数和【平滑】选项，如图 7-25 所示。

图 7-25　设置【色度键】的参数

*6* 在【节目】窗口的监视器上选择并缩小图像素材。此时可以看到应用【色度键】特效后，图像与背景视频产生了很好的合成效果，如图 7-26 所示。

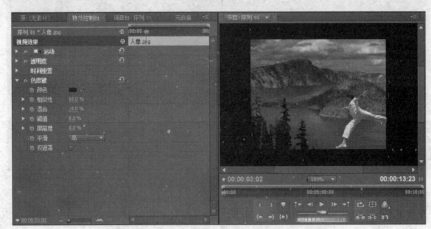

图 7-26　调整图像素材并查看合成效果

### 7.3.2　应用亮度键

亮度键可以使图像中比较暗的值产生透明，而保留比较亮的颜色为不透明，同时可以产生敏感的叠印或键出黑色区域。

**上机实战　应用亮度键处理合成**

*1* 打开光盘中的 "..\Example\Ch07\7.3.2.prproj" 练习文件，然后将【项目】窗口的【遮罩 1】素材拖到【视频 2】轨道上，如图 7-27 所示。

图 7-27　将图像素材加入轨道

*2* 按住图像素材的出点向右拖动，使图像素材的持续时间与【视频 1】轨道的素材一样，如图 7-28 所示。

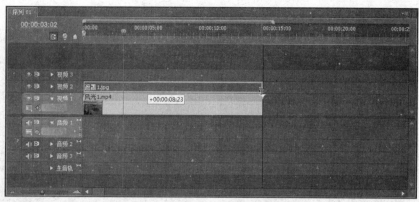

图 7-28 调整图像素材持续时间

**3** 在【节目】窗口中选择图像素材，然后按住控制点扩大图像，使之遮挡【视频 1】轨道素材的部分内容，如图 7-29 所示。

**4** 在【效果】面板中打开【视频特效】|【键控】列表，然后选择【亮度键】效果，并将此效果拖到图像素材上，如图 7-30 所示。

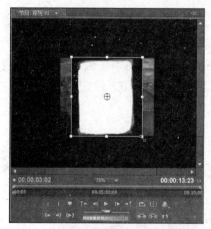

图 7-29 扩大图像素材

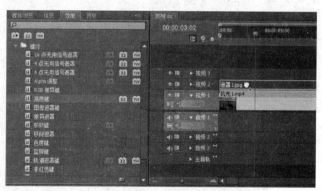

图 7-30 应用【亮度键】特效

**5** 在【特效控制台】面板中打开【亮度键】列表，设置【阈值】为 0.0%，【屏蔽度】为 100.0%，如图 7-31 所示。

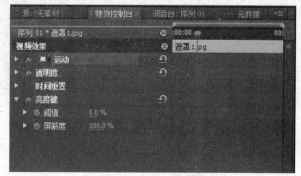

图 7-31 设置效果的参数

**6** 设置效果参数后，可以在【节目】窗口中调整遮罩图像，例如旋转遮罩图像，接着播放序列，查看影像合成的效果，如图 7-32 所示。

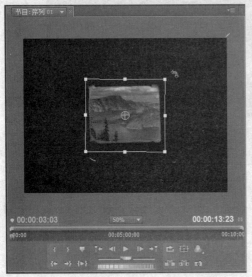

图 7-32　查看影像合成的结果

### 7.3.3　应用 Alpha 调整键

Alpha 调整键控可以调整素材的 Alpha 通道，其效果如同调整素材本身包含的 Alpha 通道透明一样。因此，Alpha 调整键适合应用到本身没有包含 Alpha 通道的素材上。

**上机实战　应用 Alpha 调整键处理合成**

*1*　打开光盘中的“..\Example\Ch07\7.3.3.prproj”练习文件，在【效果】面板中打开【视频特效】|【键控】列表，然后选择【Alpha 调整键】效果，并将此效果拖到【视频 2】轨道的素材上，如图 7-33 所示。

图 7-33　应用【Alpha 调整键】特效

*2*　在【特效控制台】面板中打开【Alpha 调整】列表，设置【透明度】为 80%，如图 7-34 所示。

*3*　设置效果参数后，可以在【节目】窗口中播放序列，查看影像合成的效果，如图 7-35 所示。

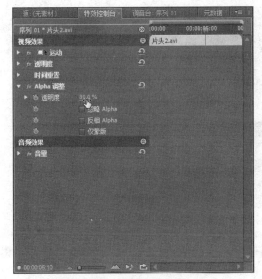

图 7-34　调整透明度设置

图 7-35　播放素材查看合成的效果

**提示：** 如果在设置【Alpha 调整】效果参数时选择【仅蒙版】复选框，可以将素材以蒙版的
方式显示，即变成【视频 1】轨道素材上覆盖的一层蒙版。如图 7-36 所示为选择【仅
蒙版】复选框的合成效果。

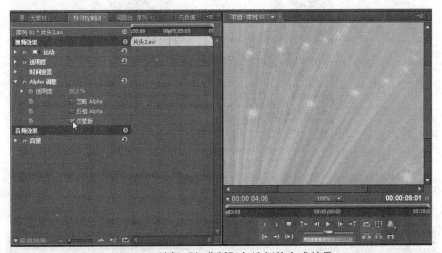

图 7-36　选择【仅蒙版】复选框的合成效果

### 7.3.4　应用轨道遮罩键

轨道遮罩键是指一个用来确定素材应用效果区域的指定的静态图像，可以通过添加遮罩
来制作具有叠印的影像合成效果。

**上机实战　应用轨道遮罩键合成影像**

*1*　打开光盘中的 "..\Example\Ch07\7.3.4.prproj" 练习文件，将【项目】窗口中的【数码
视频素材.avi】素材、【片头 2.avi】素材和【遮罩 2.jpg】素材分别加入到视频轨道，并设置
相同的持续时间，如图 7-37 所示。

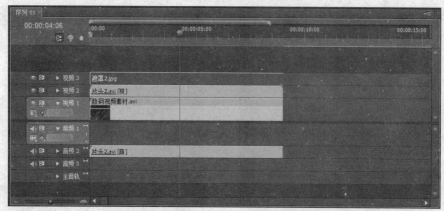

图 7-37　将素材装配到序列并设置持续时间

　　*2*　在【节目】窗口的监视器中选择图像素材，然后控制素材控制点缩小素材，并将素材放置在屏幕中央，如图 7-38 所示。

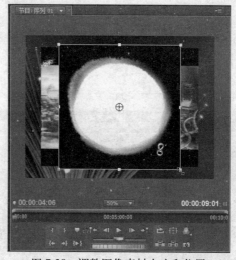

图 7-38　调整图像素材大小和位置

　　*3*　在【效果】面板中打开【视频特效】|【键控】列表，然后选择【轨道遮罩键】效果，并将此效果拖到【视频 2】轨道的素材上，如图 7-39 所示。

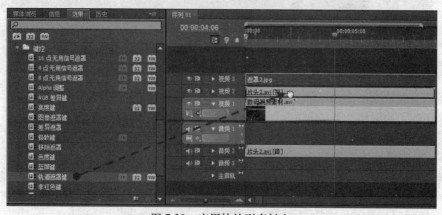

图 7-39　应用特效到素材上

4　在【特效控制台】面板中打开【轨道遮罩键】列表，设置【遮罩】为【视频 3】轨道、合成方式为【Luma 遮罩】，如图 7-40 所示。

5　设置效果参数后，可以在【节目】窗口中播放序列，查看影像合成的效果，如图 7-41 所示。

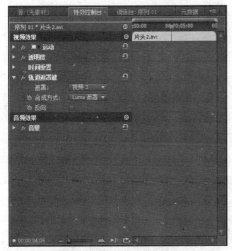

图 7-40　设置效果的选项　　　　　　　　　图 7-41　查看影像合成的效果

## 7.4　课堂实训

本例将利用一个框架图像素材和一个视频素材制作一个车展宣传明信片影片。首先将素材添加到序列中，然后为框架图像素材应用【颜色键】特效，再设置特效的参数，以掏空框架图像中的黑色部分，让该部分显示被覆叠的视频素材，结果如图 7-42 所示。

图 7-42　本例素材合成的结果

**上机实战　制作覆叠素材合成效果**

1　打开中的光盘中的 "..\Example\Ch07\7.5.prproj"，在【项目】窗口的素材区中单击右键，并从弹出的菜单中选择【导入】命令，打开【导入】对话框后，选择需要导入的图像素材（光盘 "..\Example\视频素材" 文件夹），再单击【打开】按钮，如图 7-43 所示。

2　返回【项目】窗口，分别将【车展.mp4】素材和【框架.jpg】素材加入到视频轨道上，并将素材的持续时间设置为一样，如图 7-44 所示。

图 7-43  导入图像素材

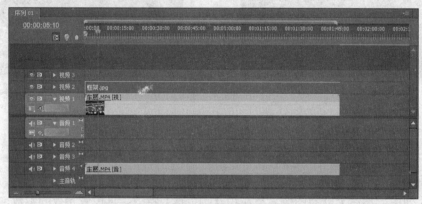

图 7-44  将素材装配到序列

**3** 在【节目】窗口的监视器中选择【框架.jpg】素材，然后调整该素材的大小，结果如图 7-45 所示。

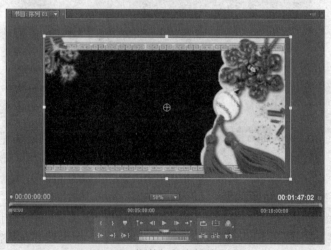

图 7-45  调整框架素材的大小

**4** 在【效果】面板中打开【视频特效】│【键控】列表，选择【颜色键】效果，将此效果拖到【视频2】轨道的素材上，如图 7-46 所示。

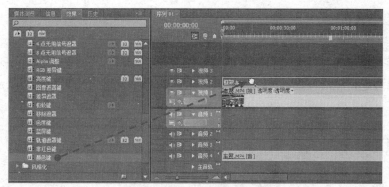

图 7-46  应用【颜色键】特效

**5** 在【特效控制台】面板中打开【颜色键】列表，按下 图标，然后在【节目】窗口的监视器中选择框架素材中的颜色，如图 7-47 所示。

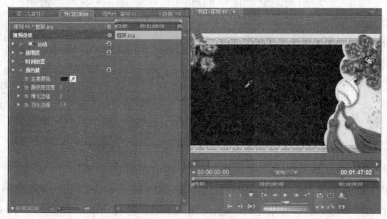

图 7-47  选择主要颜色

**6** 选择主要颜色后，继续在【特效控制台】面板中设置合适的选项参数，如图 7-48 所示。

**7** 完成上述操作后，可以在【节目】窗口中播放序列，查看视频素材与框架图像素材合成的效果，如图 7-49 所示。

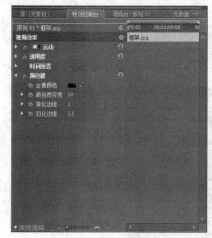

图 7-48  设置特效的参数

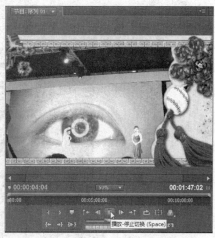

图 7-49  播放序列预览合成效果

## 7.5 本章小结

本章主要介绍了通过定义素材的透明属性制作覆叠素材的合成效果的知识和技巧。先从影像合成基础讲起，然后详细地介绍了通过特效控制台和轨道定义素材透明以及应用键控处理合成等内容。

## 7.6 习题

### 一、填充题

(1) 影视作品中的影像一般是由_____、_____和_____3 个通道合成的。这样的影像称为 RGB 影像。

(2) _____是用来定义影像中的哪些部分是透明的或者半透明的。

(3) Alpha 通道使用_____来存储透明信息。

(4) 在 Premiere Pro CS5 中，可以通过_____、_____、_____、_____等方式来定义素材的透明。

(5) 在默认的状态下，Premiere Pro CS5 会在使用素材的序列中保持和显示素材的_____。

### 二、选择题

(1) RGB 影像中还包含有第四个通道，这个通道是什么通道？                （    ）
　A. Alpha 通道　　　　B. HLS 通道　　　　C. 黑白通道　　　　D. 信息通道

(2) 在 Premiere Pro CS5 中，当在【节目】窗口中查看 Alpha 通道时，什么颜色的区域表示不透明？                （    ）
　A. 灰色　　　　　B. 黑色　　　　　C. 白色　　　　　D. 蓝色

(3) 一个素材的不透明度设置低于多余，在它下面轨道的素材就可以看见？ （    ）
　A. 100%　　　　　B. 0%　　　　　C. −100%　　　　　D. 低于任何值都不行

### 三、操作题

利用一个界面图像素材和一个视频素材，制作一个带界面的视频作品，结果如图 7-50 所示。

图 7-50　操作题的结果

**操作提示：**

（1）打开光盘中的"..\Example\Ch07\7.6.prproj"练习文件，导入界面图像。

（2）将界面图像素材加入到【视频2】轨道上，并设置素材的持续时间都一样。

（3）在【效果】面板中打开【视频特效】│【键控】列表，然后选择【颜色键】效果，并将此效果拖到【视频2】轨道的素材上。

（4）打开【特效控制台】面板，再打开【颜色键】列表，按下　图标，然后在【节目】窗口的监视器中选择界面素材中的黑色。

（5）选择主要颜色后，继续在【特效控制台】面板中设置合适的选项参数，如图 7-51 所示。

（6）在【节目】窗口的监视器中选择【视频1】轨道的素材，然后调整该素材的大小，结果如图 7-52 所示。

（7）完成上述操作后，可以在【节目】窗口中播放序列，查看视频素材与框架图像素材合成的效果。

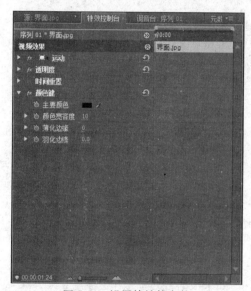

图 7-51　设置特效的参数

图 7-52　调整素材的大小

# 第 8 章　字幕的新建、应用和设计

## 教学提要

字幕是指影视作品上的文字、图形内容，包括作品的配音文字内容、制作群体介绍内容、作品的图形对象等。这些类型的字幕，都可以通过 Premiere Pro CS5 的字幕设计器进行制作。本章主要介绍通过字幕设计器设计各种字幕的方法和技巧。

## 教学重点

➢ 了解程序的【字幕设计器】窗口
➢ 掌握新建字幕素材和将字幕添加到序列的方法
➢ 掌握应用字幕样式和修改样式的方法
➢ 掌握设计跟随路径字幕的方法
➢ 掌握设计滚动和游动字幕的方法
➢ 掌握利用模板设计字幕的方法

## 8.1　新建字幕素材并应用

在 Premiere Pro CS5 中，字幕制作通过独立的字幕设计器完成。在【字幕设计器】窗口中能够完成字幕的创建和修改，以及运动字幕、图形字幕的制作等处理工作。

### 8.1.1　了解字幕设计器

在创建字幕时会自动打开【字幕设计器】窗口，如果没有经过创建字幕的操作就需要打开【字幕设计器】窗口，可以打开【窗口】菜单，选择【字幕设计器】命令，如图 8-1 所示。打开【字幕设计器】窗口后，可以在此窗口中新建字幕，如图 8-2 所示。

字幕设计器主要分为 5 个区域：

（1）编辑区：正中间是编辑区，字幕的制作就是在编辑区里完成的。

（2）工具箱：左边是工具箱，里面有制作字幕、图形的 20 种工具按钮以及对字幕、图形进行的排列和分布的相关按钮。

（3）样式区：窗口下方是样式区，样式库中有系统设置好的数十种文字样式。也可以将自己设置好的文字样式存入样式库中。

（4）属性区：右边是字幕属性区，里面有对字幕、图形设置的变换、属性、填充、描边、阴影、背景等栏目。

● 【属性】栏目：可以设置字幕文字的字体、大小、字间距等。

图 8-1　打开字幕设计器

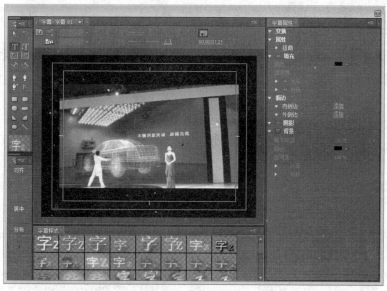

图 8-2　字幕设计器

- ●【填充】栏目：可以设置文字的颜色、透明度、光效等。
- ●【描边】栏目：可以设置文字内部、外部描边。
- ●【阴影】栏目：可以设置文字阴影的颜色、透明度、角度、距离和大小等。
- ●【变换】栏目：可以对文字的透明度、位置、宽度、高度以及旋转进行设置。
- ●【背景】栏目：可以设置字幕的背景颜色和透明度。

（5）其他工具区：在窗口的上方是其他工具区，其中包含有设置字幕运动或其他设置的一些工具按钮。

## 8.1.2　新建字幕素材

在 Premiere Pro CS5 中，新建字幕素材，有以下 5 种方法：

**方法 1**　打开【文件】菜单，选择【新建】|【字幕】命令，在【新建字幕】对话框中设置字幕属性并单击【确定】按钮即可通过【字幕设计器】窗口创建字幕，如图 8-3 所示。

图 8-3　通过菜单命令新建字幕

**方法2** 按下【Ctrl+T】快捷键，在【新建字幕】对话框中设置字幕属性并单击【确定】按钮即可通过【字幕设计器】窗口创建字幕素材，此方法是使用菜单的快捷方式。

**方法3** 在【项目】面板的空白处上单击右键，并从弹出的菜单中选择【新建分项】|【字幕】命令，然后在【新建字幕】对话框中设置字幕属性并单击【确定】按钮即可通过【字幕设计器】窗口创建字幕素材，如图8-4所示。

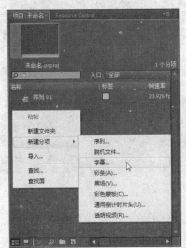
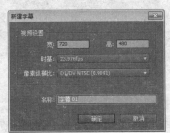

图8-4 通过【项目】窗口新建字幕

**方法4** 打开【窗口】菜单，选择【字幕动作】、【字幕属性】、【字幕工具】、【字幕样式】和【字幕设计器】中的任意一个命令，即可打开【字幕设计器】窗口新建字幕素材。

**方法5** 打开【字幕】菜单中的【新建字幕】子菜单，选择【默认静态字幕】命令、【默认滚动字幕】命令或【默认游动字幕】命令的任意项，即可打开【字幕设计器】窗口新建字幕素材，如图8-5所示。

图8-5 新建各种类型的字幕

### 8.1.3 输入与设置字幕

新建字幕素材后会自动打开【字幕设计器】窗口，可以在此窗口中输入字幕文字并设置文字属性。

#### 1. 输入字幕文字

打开【字幕设计器】窗口后，可以选择【输入工具】T 或者选择【垂直文字工具】IT 输入水平或垂直方向的字幕文字，如图 8-6 所示。

图 8-6 输入水平方向的字幕文字

如果要输入大量字幕文本内容，可以选择【区域文字工具】□ 或选择【垂直区域文字】□，在监视器窗口中拖出一个区域文字框，接着输入文字内容即可，如图 8-7 所示。

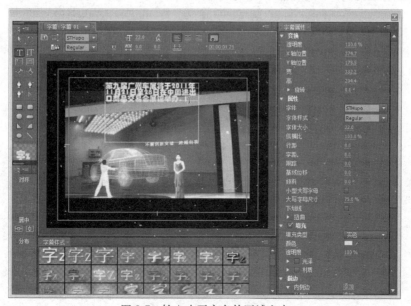

图 8-7 输入水平方向的区域文字

### 2．设置文字的属性

输入字幕文字后，可以通过【字幕设计器】窗口右侧的【字幕属性】窗格设置文字属性，例如字体、大小、填充颜色、行距、字距、描边等属性，如图 8-8 所示。设置文字的属性后，字幕设计器的监视器会即时反映出改变属性的效果，如图 8-9 所示。

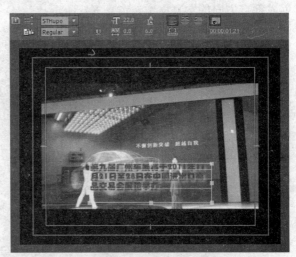

图 8-8　设置字幕文字属性　　　　　　图 8-9　预览字幕效果

## 8.1.4　将字幕添加到序列

制作字幕素材后，需要将素材添加到序列上，才可以发挥字幕的作用。

将字幕素材添加到序列的方法跟将一般素材添加到序列的方法一样，可以通过【素材源】窗口将字幕素材插入到序列，如图 8-10 所示。

图 8-10　通过【素材源】窗口将字幕插入到序列

此外，也可以在【项目】窗口中直接将字幕素材拖到序列的视频轨道上，如图 8-11 所示。

图 8-11　将字幕素材拖到序列的轨道上

## 8.1.5　设计车展影片标题字幕

本例为一个车展影片添加字幕作为影片的标题。首先新建一个字幕素材，然后通过【字幕设计器】窗口输入文字并设置属性，接着将字幕添加到序列并调整字幕的持续时间，效果如图 8-12 所示。

图 8-12　教学影片添加字幕标题的效果

**上机实战　设计车展影片标题字幕**

*1*　打开光盘中的 "..\Example\Ch08\8.2.5.prproj" 练习文件，在【项目】窗口的素材区中单击右键，并从弹出的快捷菜单中选择【新建分项】|【字幕】命令，打开【新建字幕】对话框后，设置字幕素材属性并单击【确定】按钮，如图 8-13 所示。

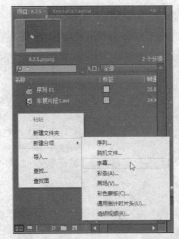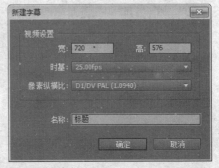

图 8-13 新建字幕素材

**2** 打开【字幕设计器】窗口后，选择【矩形工具】按钮 ，在监视器下方绘制一个矩形，并设置矩形填充颜色为橙色，如图 8-14 所示。

图 8-14 绘制一个矩形

**3** 选择【输入工具】 在监视器窗口中输入字幕文字，如图 8-15 所示。

---

**提示：** 在输入字幕文字时，可能有部分文字无法正常显示，而显示为一个矩形框。这是因为字幕设计器默认的字体并非中文字体，因此对某些中文字并不能辨认到，所以无法正常显示，如图 8-15 所示。只要选择支持中文的字体就可以让输入的文字显示出来。

---

**4** 在【字幕设计器】窗口右侧设置字幕的变换参数和基本属性，接着选择【填充】、【外侧边】和【阴影】复选框，分别设置这些项目的参数，如图 8-16 所示。

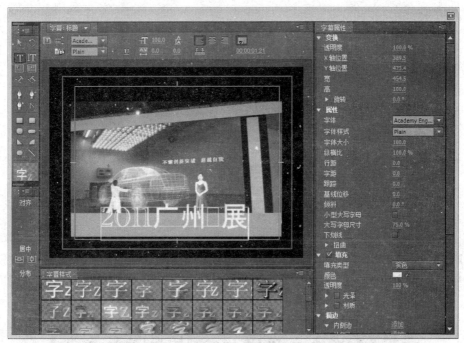

图 8-15　输入字幕文字

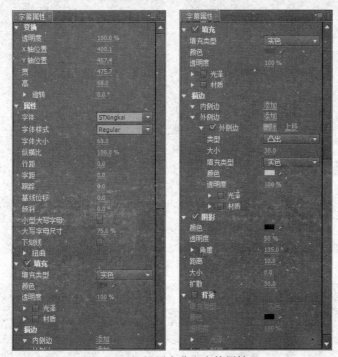

图 8-16　设置字幕文字的属性

5　为了让字幕文字对齐屏幕，分别单击【字幕设计器】窗口左下侧的【水平居中】按钮![按钮图标]，最后关闭窗口即可，如图 8-17 所示。

6　在【项目】窗口中选择字幕，然后将它拖到【视频 2】轨道上，如图 8-18 所示。

7　在【工具箱】面板中选择【选择工具】![图标]，使用鼠标按住字幕素材的出点并向右拖动，使字幕播放持续时间与【视频 1】轨道上的素材一样，如图 8-19 所示。

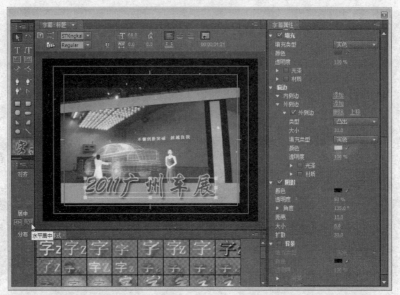

图 8-17　垂直与水平方向居中对齐字幕

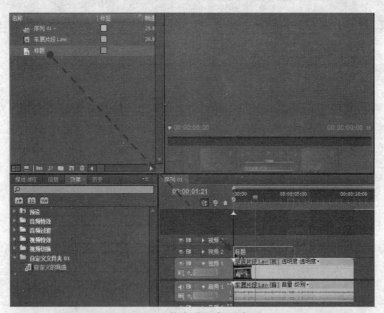

图 8-18　将字幕添加到序列

图 8-19　增加字幕的持续时间

## 8.2  字幕样式的应用

字幕设计器提供了 51 种字幕样式，在输入字幕文字后，可以直接套用预设的样式设计字幕。在套用预设样式后，可以对样式进行修改，例如改变颜色、改变阴影等。

### 8.2.1  应用预设的样式

打开【字幕设计器】窗口，输入字幕文字或选择现有的文字对象，在【字幕样式】区中单击需要应用的字幕样式图标即可应用预设的字幕样式，如图 8-20 所示。

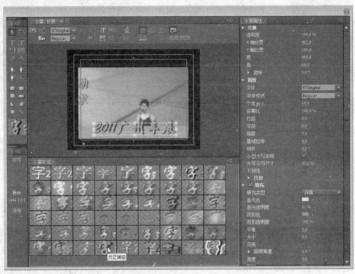

图 8-20  单击样式图标即可应用字幕样式

### 8.2.2  自定义字幕样式

除了应用预设的字幕样式外，可以在应用样式后更改字幕的属性设置，从而改变预设的样式，让字幕设计效果更加丰富。

**上机实战  修改字幕样式**

*1*  打开光盘中的"..\Example\Ch08\8.3.2.prproj"练习文件，在【项目】窗口中双击字幕素材，打开【字幕设计器】窗口，如图 8-21 所示。

图 8-21  双击字幕素材

*2* 打开【字幕设计器】窗口后，选择字幕对象，然后在【字幕样式】区选择一种字幕样式，并单击该样式的图标，将样式应用到字幕上，如图 8-22 所示。

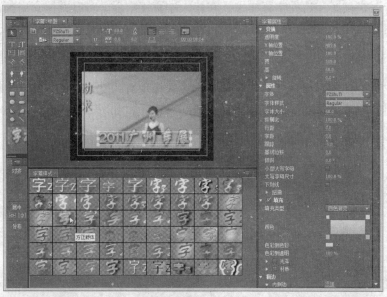

图 8-22　应用字幕样式

*3* 将鼠标移到【字距】图标下方的数值上，当出现手指图标后按住数值拖动，调整字幕文字的字距。如图 8-23 所示为字幕增大字距的结果。

*4* 打开【填充】属性列表，再单击【填充类型】下拉列表框，选择【线性渐变】选项，接着双击颜色控点并选择颜色，以设置填充渐变的颜色，如图 8-24 所示。

*5* 打开【外侧边】属性列表，然后打开【填充类型】下拉列表框，并选择【线性渐变】选项，为渐变设置颜色和描边的大小（描边大小为 30），如图 8-25 所示。

图 8-23　增大字幕文字的字幕

图 8-24　设置填充的类型和颜色

图 8-25 设置外侧边填充类型和颜色

*6* 选择【选择工具】 调整字幕在监视器屏幕上的位置，如图 8-26 所示。

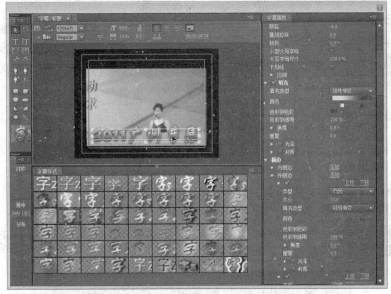

图 8-26 居中对齐字幕文字

*7* 为了查看修改后的字幕样式是否适合影片的整体设计，可以在【节目】窗口上单击【播放-停止切换】按钮，播放序列以检查字幕效果，如图 8-27 所示。

图 8-27 播放序列以检查字幕效果

### 8.2.3 新建字幕样式

在设置字幕属性后，字幕就会呈现该属性定义的效果，可以将当前字幕的属性新建为字幕样式，并保存在样式库里，以便以后再次套用该样式。

在【字幕样式】面板中单击▤按钮，然后从打开的菜单中选择【新建样式】命令，通过弹出的对话框设置样式的名称，单击【确定】按钮即可新建字幕样式，如图 8-28 所示。

图 8-28　新建字幕样式

## 8.2.4　存储样式库

在新建字幕样式后，可以将当前【字幕样式】区的样式存储为新的样式库，以保存新建字幕样式。

**上机实战　存储样式库**

*1*　打开光盘中的 "..\Example\Ch08\8.3.4.prproj" 练习文件，在【项目】窗口中双击字幕素材，打开【字幕设计器】窗口，如图 8-29 所示。

图 8-29　打开【字幕设计器】窗口

*2*　在【字幕样式】面板中单击▤按钮，然后从打开的菜单中选择【存储样式库】命令，如图 8-30 所示。

*3*　打开【存储样式库】对话框后，设置样式库文件名，再单击【保存】按钮，如图 8-31 所示。

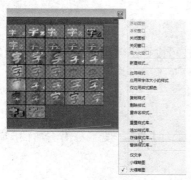

图 8-30　存储样式库

图 8-31　保存样式库文件

## 8.2.5　重命名和删除样式

### 1．重命名样式

如果想要为字幕样式进行重命名操作，可以在样式图标上单击右键，并选择【重命名样式】命令，在打开【重命名样式】对话框后输入样式名称，再单击【确定】按钮即可，如图 8-32 所示。

图 8-32　重命名字幕样式

### 2．删除样式

如果新建的字幕样式或者预设的字幕样式不需要使用了，可以将样式删除。只需在要删除的样式图标上单击右键，然后选择【删除样式】命令，打开【Adobe 字幕设计器】对话框后，单击【确定】按钮即可，如图 8-33 所示。

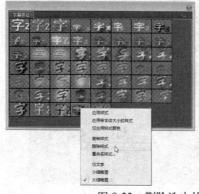

图 8-33　删除选中的字幕样式

## 8.3 设计字幕的高级技巧

为了让字幕适应不同设计需求，可以运用不同的技巧设计出各种效果的字幕，例如弯曲的字幕、滚动或游动的字幕等。

### 8.3.1 设计弯曲的字幕

可以使用【路径文字工具】 ✎ 和【垂直路径文字工具】 ✎ ，使字幕沿着弯曲的路径排列，达到制作弯曲字幕的目的。

**上机实战 设计弯曲字幕**

*1* 打开光盘中的 "..\Example\Ch08\8.4.1.prproj" 练习文件，在【项目】窗口的素材区中单击右键，并选择【新建分项】|【字幕】命令，接着在【新建字幕】对话框中设置字幕名称，再单击【确定】按钮，如图 8-34 所示。

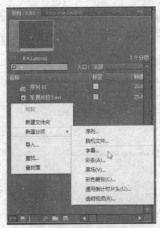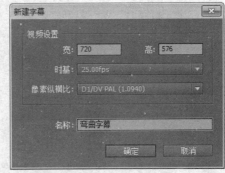

图 8-34 新建字幕素材

*2* 打开【字幕设计器】窗口后选择【路径文字工具】 ✎ ，此时工具在编辑区的指针变成钢笔图标，单击即可确定路径的起点，如图 8-35 所示。

图 8-35 确定路径的起点

　　*3*　移动鼠标再次单击确定路径的第二个节点。使用相同的方法，绘制出提供字幕装配的路径，如图 8-36 所示。

图 8-36　绘制出一条弯曲的路径线

　　*4*　选择【路径文字工具】，在路径上单击并输入字幕内容【2011 广州车展现场开幕片段】，接着设置字幕的字体，如图 8-37 所示。

图 8-37　沿路径输入文字并设置字体

　　*5*　打开右侧的【属性】列表，设置字体大小、字距、基线位移等属性，接着设置文字的填充颜色和描边属性，如图 8-38 所示。

　　*6*　在【字幕设计器】窗口的监视器中查看字幕的效果，选择【选择工具】调整字幕的位置，最后关闭窗口完成字幕的设计，如图 8-39 所示。

　　*7*　返回程序界面，将字幕素材拖到【视频 2】轨道上，然后向右拖动字幕素材出点，使它的播放持续时间与视频素材一样，如图 8-40 所示。

　　*8*　单击【节目】窗口的【播放-停止切换】按钮，播放素材，以检查字幕的最终效果，如图 8-41 所示。

图 8-38　设置字幕文字的属性

图 8-39　调整字幕的位置

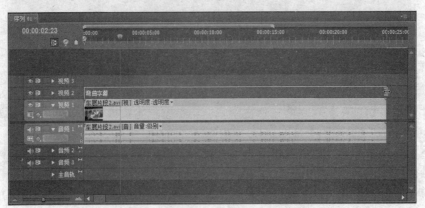

图 8-40　将素材加入轨道并调整持续时间

图 8-41　检查字幕效果

## 8.3.2　设计滚动的字幕

　　滚动字幕是指沿屏幕垂直方向上下移动的字幕，可以通过【字幕设计器】的【滚动】选项设计由屏幕外开始至屏幕外结束的滚动字幕。

**上机实战　设计滚动字幕**

　　*1*　打开光盘中的 "..\Example\Ch08\8.4.2.prproj" 练习文件，打开【字幕】菜单，并选择【新建字幕】|【默认滚动字幕】命令，接着在【新建字幕】对话框中设置字幕名称，再单击【确定】按钮，如图 8-42 所示。

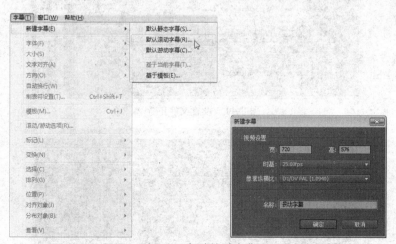

图 8-42　新建滚动字幕

　　*2*　打开【字幕设计器】窗口后，选择【输入工具】⊤ 在监视器窗口中输入字幕文字，如图 8-43 所示。

　　*3*　使用【输入工具】⊤ 拖动选择文字，然后打开【字体】列表框，选择一种支持中文字的字体选项并设置文字的大小，如图 8-44 所示。

　　*4*　在【属性】面板中设置字幕文字的填充、描边和阴影等属性，如图 8-45 所示。

　　*5*　单击编辑区左上角的【滚动/游动选项】按钮，打开【滚动/游动选项】对话框后已

经默认选择了【滚动】字幕类型，此时只需选择【开始于屏幕外】和【结束于屏幕外】复选框，再单击【确定】按钮即可，如图 8-46 所示。

图 8-43　输入字幕文字

图 8-44　设置文字的字体

图 8-45　应用字幕样式

图 8-46  设置字幕的滚动属性

**6** 关闭【字幕设计器】窗口返回程序界面，将字幕素材拖到【视频 2】轨道上，然后向右拖动字幕素材出点，使它的播放持续时间与视频素材一样，如图 8-47 所示。

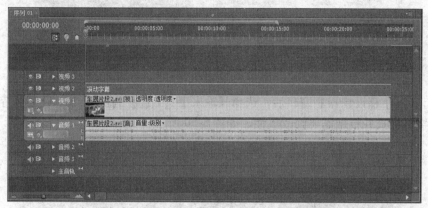

图 8-47  添加字幕并调整字幕素材的持续时间

**7** 单击【节目】窗口的【播放-停止切换】按钮，预览字幕效果，如图 8-48 所示。

图 8-48  预览字幕效果

### 8.3.3  设计游动的字幕

游动字幕是指沿屏幕水平方向左右移动的字幕，可以通过【字幕设计器】的【游动】选项设计由屏幕外开始移入屏幕的游动字幕。

**上机实战　设计游动字幕**

*1*　打开光盘中的 "..\Example\Ch08\8.4.3.prproj" 练习文件，打开【字幕】菜单，并选择【新建字幕】｜【默认游动字幕】命令，接着在【新建字幕】对话框中设置字幕名称，再单击【确定】按钮，如图 8-49 所示。

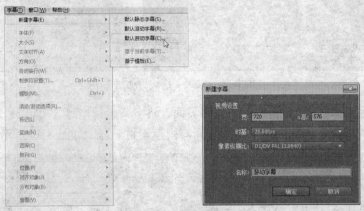

图 8-49　新建游动字幕

*2*　打开【字幕设计器】窗口后，选择【输入工具】 **T** 在监视器窗口上输入字幕文字，然后应用字幕样式并根据需要修改属性，如图 8-50 所示。

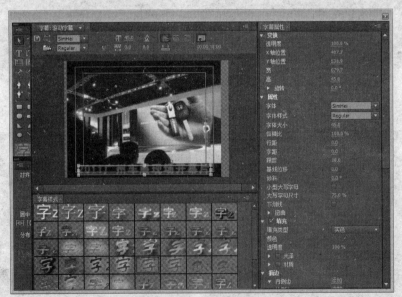

图 8-50　应用字幕样式

*3*　单击编辑区左上角的【滚动/游动选项】按钮，打开【滚动/游动选项】对话框后已经默认选择了【左游动】字幕类型，此时只需选择【开始于屏幕外】复选框，再单击【确定】按钮即可，如图 8-51 所示。

*4*　关闭【字幕设计器】窗口返回程序界面，将字幕素材拖到【视频 2】轨道上，然后向右拖动字幕素材出点，使它的播放持续时间与视频素材一样，如图 8-52 所示。

图 8-51　设置字幕的游动属性

图 8-52　添加字幕并调整字幕素材的持续时间

**5**　单击【节目】窗口的【播放-停止切换】按钮▶，预览字幕效果，如图 8-53 所示。

图 8-53　预览字幕效果

### 8.3.4　设计徽标图形字幕

除了输入文字内容外，字幕设计器还可以绘制图形。本例将利用字幕设计器的图形绘制功能，为作品设计一个徽标图形字幕，然后添加到序列上，效果如图 8-54 所示。

图 8-54　利用字幕设计器设计 Logo 的效果

**上机实战　利用字幕设计器设计图形字幕**

*1*　打开光盘中的 "..\Example\Ch08\8.4.4.prproj" 练习文件，在【项目】窗口的素材区中单击右键，并选择【新建分项】|【字幕】命令，接着在【新建字幕】对话框中设置字幕名称，再单击【确定】按钮，如图 8-55 所示。

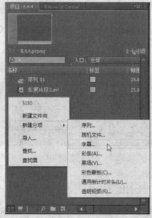
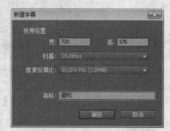

图 8-55　新建字幕素材

*2*　打开【字幕设计器】窗口后，选择【矩形工具】 ，然后在编辑区中绘制一个矩形图形，如图 8-56 所示。

*3*　选择【圆角矩形工具】 在矩形右侧绘制一个圆角矩形，并设置圆角大小为 10%，如图 8-57 所示。

图 8-56　绘制一个矩形图形　　　　　　　　图 8-57　绘制一个圆角矩形

4 选择矩形图形，设置图形的填充颜色为【黄色】，再选择圆角矩形，设置图形的填充颜色为【橙色】，如图8-58所示。

图8-58 设置图形的颜色

5 在【工具箱】面板中选择【椭圆形工具】 ，然后按住［Shift］键在矩形上绘制一个正圆形，并设置图形的填充颜色为【橙色】，如图8-59所示。

图8-59 绘制一个橙色正圆形

6 选择正圆形，添加【外侧边】描边，再设置描边的颜色为【白色】、描边的大小为5，如图8-60所示。

7 在【工具箱】面板中选择【输入工具】 ，在圆角矩形上输入"BPTV"文字，然后在【属性】面板中设置文字的属性，如图8-61所示。

8 使用【选择工具】 选择所有的字幕对象，将字幕移到监视器屏幕左上角，最后关闭【字幕设计器】窗口，如图8-62所示。

图 8-60　设置正圆形的描边效果

图 8-61　输入文本并设置文本的属性

图 8-62　选择字幕并调整图形的位置

　　*9*　返回程序界面后，将字幕素材拖到【视频 2】轨道上，然后向右拖动字幕素材出点，使它的播放持续时间与视频素材一样，最后通过【节目】窗口查看徽标字幕的效果，如图 8-63 所示。

图 8-63　将字幕添加到序列并预览效果

## 8.4　课堂实训

　　在 Premiere Pro CS5 中不仅可以自行设计字幕素材，也可以利用程序提供的字幕模板来设计字幕。本例将介绍新建基于模板的字幕，并通过一些修改让字幕符合项目的设计。

**上机实战　设计基于模板字幕**

　　*1*　打开光盘中的"..\Example\Ch08\8.6.prproj"练习文件，打开【字幕】菜单，并选择【新建字幕】|【基于模板】命令，在【模板】对话框中选择一种字幕模板，并设置字幕名称，最后单击【确定】按钮，如图 8-64 所示。

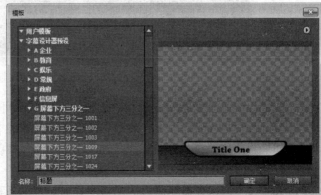

图 8-64　新建基于模板的字幕

**2** 打开【字幕设计器】窗口后，选择【输入工具】 T，然后在监视器窗口中选择字幕原文字并修改为新的文字，再设置文字字体，如图 8-65 所示。

图 8-65　修改字幕内容并设置字体

**3** 选择字幕文字，然后通过【属性】面板修改文字的其他属性，例如填充颜色、描边、阴影等，如图 8-66 所示。

图 8-66　修改文字的属性

**4** 如果想要修改面板中某个对象的大小或位置，可以选择该对象，然后拖动缩放对象或调整位置。如图 8-67 所示为扩大文字并调整位置的结果。

**5** 如果想要修改模板字幕原来的图形属性，例如填充颜色，可以选择图形，然后更改填充颜色，如图 8-68 所示。

**6** 关闭【字幕设计器】窗口返回程序界面，将字幕素材拖到【视频 2】轨道上，然后向右拖动字幕素材出点，使它的播放持续时间与视频素材一样，如图 8-69 所示。

图 8-67　扩大文字并调整位置

图 8-68　更改图形的填充颜色

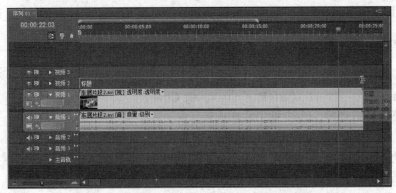

图 8-69　装配字幕并调整字幕素材的持续时间

7 单击【节目】窗口的【播放-停止切换】按钮，预览字幕效果，如图 8-70 所示。

图 8-70 预览字幕效果

## 8.5 本章小结

本章主要介绍了新建字幕素材和通过【字幕设计器】窗口设计字幕的方法，其中包括新建字幕素材、输入与设置字幕文字、为文字应用字幕样式、将字幕添加到序列等基础内容，以及设计弯曲字幕、滚动字幕、游动字幕、图形字幕等高级技巧。

## 8.6 习题

一、填充题

（1）如果想在字幕设计器中输入大量文本内容的，可以使用＿＿＿＿＿＿＿或＿＿＿＿＿＿＿这两个工具。

（2）如果想要为字幕样式进行重命名操作，可以在样式图标上单击右键，并选择＿＿＿＿＿命令。

（3）＿＿＿＿＿＿＿是指沿屏幕水平方向左右移动的字幕。

（4）＿＿＿＿＿＿＿是指沿屏幕垂直方向上下移动的字幕。

（5）要设计弯曲字幕，就需要使用＿＿＿＿＿＿＿和＿＿＿＿＿＿＿这两个工具。

二、选择题

（1）按下哪个快捷键，可以打开【新建字幕】对话框？ （　　）

    A. Ctrl+V         B. Ctrl+R         C. Ctrl+T         D. Ctrl+F5

（2）字幕设计器提供了多少种字幕样式？ （　　）

    A. 18         B. 38         C. 51         D. 62

（3）游动字幕类型可以设置下面哪两个游动选项？ （　　）

    A. 上游动和下游动         B. 左游动和右游动

    C. 前上游动和前下游动         D. 直线游动和曲线游动

三、操作题

新建一个名为【标题】的字幕素材，然后通过【字幕设计器】窗口先绘制一个矩形图形并应用字幕样式，再输入标题文字并应用字幕样式，然后通过【属性】面板修改字幕样式的属性，最后将字幕添加到序列并调整持续时间，结果如图 8-71 所示。

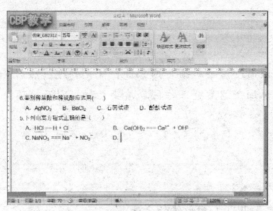

图 8-71 制作标题字幕的结果

**操作提示：**

（1）在【项目】窗口的素材区中单击右键，并选择【新建分项】│【字幕】命令，接着在【新建字幕】对话框中设置字幕名称，再单击【确定】按钮。

（2）选择【矩形工具】 ，然后在编辑区中绘制一个矩形图形，再设置矩形填充颜色为土黄色。

（3）在【工具箱】面板中选择【输入工具】 ，在圆角矩形上输入"CBP 教学"文字。

（4）在样式区中选择一种样式并应用到文字上，根据需要通过【属性】面板修改文字的属性，如图 8-72 所示。

（5）关闭【字幕设计器】窗口返回程序界面，将字幕素材拖到【视频 2】轨道上，然后向右拖动字幕素材出点，使之播放持续时间与视频素材一样。

图 8-72 修改文字的属性

# 第9章　项目的渲染和导出

## 教学提要

项目创作完成后可以通过渲染对项目内容进行优化处理。然后将项目内容导出，成为可以应用的成品。本章将详细介绍渲染工作区和渲染素材，以及将项目内容根据用途导出为各种文件的方法。

## 教学重点

➢ 掌握渲染项目的方法
➢ 掌握将项目内容导出为各类文件的方法
➢ 掌握通过导出途径完成素材应用要求的方法
➢ 掌握在导出过程中编辑素材的技巧

## 9.1　项目的渲染

渲染，就是对项目每帧的画像进行重新优化的过程。当项目制作完成后，可以通过执行渲染的操作，重新优化项目内容，让导出的成品效果更佳。

### 9.1.1　渲染工作区

渲染工作区是指对工作区所编辑的视频素材进行渲染。渲染工作区的方式包括"渲染工作区域内的效果"和"渲染完整工作区域"两种。

要渲染工作区素材，可以在【序列】菜单中选择【渲染工作区域内的效果】命令或【渲染完整工作区】命令，如图9-1所示。

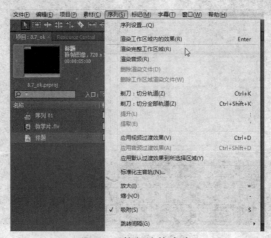

图9-1　执行渲染命令

执行渲染命令后, 程序会弹出渲染对话框, 以显示渲染的进度和详细信息, 如图 9-2 所示。另外, 渲染后的文件会以新文件夹保存在当前项目文件所在的目录里, 如图 9-3 所示。

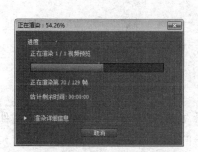

图 9-2　执行渲染的过程　　　　　　　　图 9-3　渲染后的预览文件

**提示:** 项目渲染后, 会将预览文件保存在项目文件所在的目录里。因此在没有进行其他编辑时, 执行一次渲染后, 下次执行渲染的话, 程序会自动直接播放上次渲染的结果, 即不会再执行渲染过程。

### 9.1.2　渲染音频

渲染工作区后导出的预览文件是没有保存音频轨道导出的, 如果想要导出项目的声音, 可以进行渲染音频的处理, 如图 9-4 所示。

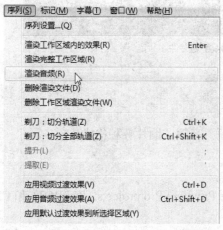

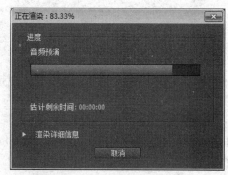

图 9-4　渲染音频

在渲染音频后, 对应的音频渲染文件会保存在项目文件所在目录里, 并与渲染出的预览视频文件放置在一起, 如图 9-5 所示。

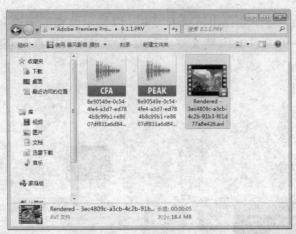

图 9-5　渲染音频的导出结果

### 9.1.3　删除渲染文件

如果渲染的结果不适合使用，可以将渲染的文件删除，以节省磁盘空间。删除渲染文件同样有"删除渲染文件"和"删除工作区域渲染文件"两种方式，如图 9-6 所示。

图 9-6　删除渲染文件

## 9.2　导出项目内容

Premiere Pro CS5 可以分别导出项目、视频、音频、图片各种格式。

### 1．项目格式

Advanced Authoring Format（AAF）、Adobe Premiere Pro projects（PRPROJ）和 CMX3600 EDL（EDL）。

### 2．视频格式

Adobe Flash Video（FLV）、H.264（3GP 和 MP4）、H.264 Blu-ray（M4v）、Microsoft AVI 和 DV AVI、Animated GIF、MPEG-1、MPEG-1-VCD、MPEG-2、MPEG2 Bluray、MPEG-2-DVD、

MPEG2 SVCD、QuickTime（MOV）、RealMedia（RMVB）和 Windows Media（WMV）。

**3．音频格式**

Adobe Flash Video（FLV）、Dolby Digital/AC3、Microsoft AVI 和 DV AVI、MPG、PCM、QuickTime、RealMedia、Windows Media Audio（WMA）和 Windows Waveform（WAV）。

**4．图片格式**

GIF、Targa（TGF/TGA）、TIFF、JPG、PNG 和 Windows Bitmap（BMP）。

## 9.2.1　导出成媒体

要导出项目的序列或素材为媒体时，可以按下 [Ctrl+M] 快捷键，或者打开【文件】菜单，然后选择【导出】|【媒体】命令，如图 9-7 所示。

图 9-7　导出为媒体文件

此时程序会打开【导出设置】窗口，可以在此窗口中设置各种导出选项。

打开【导出设置】窗口后，可以打开【源范围】列表框，指定导出的范围，如图 9-8 所示。【导出设置】窗口各类设置项目说明如下。

**1．导出设置**

● 【与序列设置匹配】：选择该复选框可以忽略当前导出设置，而使用与项目文件所包含的序列的设置导出项目。如果不选择【与序列设置匹配】复选框，则可以自定义下列导出设置。

　➤ 【格式】：设置导出媒体的格式，包括 AVI、MPEG、FLV 等视频格式，也包括 GIF、JPEG、PNG 等图片格式，以及其他常用媒体格式，如图 9-9 所示。

　➤ 【预设】：可以自定义或选择一种预设转换代码的设置，该设置包括广播制式和转换设备类型。例如 NTSC DV、PAL DV 等，如图 9-10 所示。

　➤ 【注释】：添加导出媒体的注释内容。

➢ 【输出名称】：默认导出名称与序列名称命名。可以单击该名称来指定导出媒体保存的位置和名称，如图 9-11 所示。

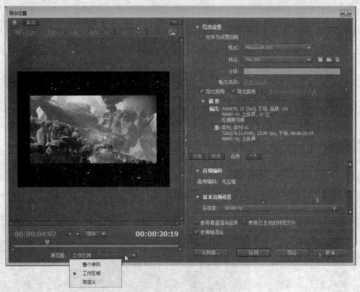

图 9-8　指定导出范围

图 9-9　选择导出格式

图 9-10　自定义或选择转换设置

图 9-11　设置导出媒体的位置和名称

- 【导出视频】：选择该复选框可自定义导出视频素材。
- 【导出音频】：选择该复选框可自定义导出音频素材。
- 【在 Device Central 中打开】：选择该复选框可以在导出媒体时在设备控制中心打开。
- 【摘要】：显示目前导出设置的各项信息。

2．【滤镜】选项卡

在此选项卡中可以选择是否应用滤镜特效。默认提供【高斯模糊】滤镜。

图 9-12　设置高斯模糊滤镜

当选择【高斯模糊】复选框后，即可设置【模糊度】和【模糊尺寸】两个选项，如图 9-12 所示。

3．【视频】选项卡

在此选项卡中可以设置【视频编解码器】选项和其他设置。不同的导出格式提供不同的视频选项，下面以【Microsoft AVI】类型为例说明视频设置选项。

（1）视频编解码器

可用的视频编解码器取决于在【导出设置】栏目中选择的导出格式类型，例如在导出格式中选择了【Microsoft AVI】类型，那么就可以在【视频】选项卡中选择如图 9-13 所示的视频编解码器。

图 9-13　视频编解码器

---

**提示：** 如果发现不能选择编解码器提供的选项，可以参阅硬件使用手册，有一些编解码器是视频采集卡硬件自带的，需要在这些编解码器提供的对话框中设置编码（或压缩）选项，而不是通过上面描述的选项。

---

选择视频编解码器主要是为了让导出媒体适合在支持视频编解码器的播放器中播放。有些编解码器允许设置，此时可以单击【编解码器设置】按钮，设置编解码器选项，如图 9-14 所示。

图 9-14　设置编解码器

（2）基本设置

基本设置栏目主要提供视频导出的基本设置项目，如图 9-15 所示。

- 【品质】：设置导出媒体时压缩素材的品质。
- 【宽度】/【高度】：设置视频帧的宽度和高度，即视频显示画面的尺寸。增大视频帧尺寸可以显示更多的细节，但会使用更多的磁盘空间，并在回放时需要更多的运算。
- 【帧速率】：选择要导出视频的每秒帧数，有部分编解码器支持特定的帧速率设置。选择数值高的帧速率可以产生更加平滑的运动（取决于源素材的正速率），但会占用更多的磁盘空间。

● 【场类型】：设置视频的场类型。

● 【纵横比】：选择一个与导出类型匹配的像素纵横比，如图 9-16 所示。如果纵横比不是 1.0，输出类型使用矩形像素，因为计算机通常以方形像素显示，所以使用非方形素材比的内容在计算机上观看将拉伸，但是当在视频监视器中观看时将显示正确的比例，例如宽屏监视器。

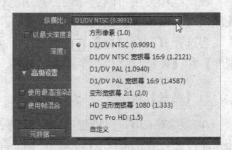

图 9-15　基本设置　　　　　　　　　图 9-16　选择纵横比

● 【深度】：是指颜色深度，即导出的视频包含的颜色数量。如果选择的编解码器只支持单色，这个选项将不可用。

● 【以最大深度渲染】：选择这个复选框可以源素材的最大颜色深度导出媒体。

(3) 高级设置

在【高级设置】栏目中可以设置关键帧间隔和优化静帧，如图 9-17 所示。

4．【音频】选项卡

在【音频】选项卡中可以设置音频编码和基本音频属性。

(1) 音频编码

该选项可以指定程序压缩音频时使用的编解码器，编解码器取决于导出格式类型的设置。有一些文件类型和采集卡只支持无压缩音频，这也是最高的质量，例如 AVI 格式。

如图 9-18 所示为选择 AVI 格式后，【音频编码】选项不可设置。因为 AVI 格式导出不会压缩素材，即不会经过编码处理。

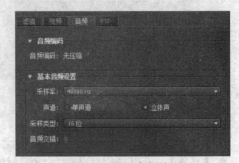

图 9-17　高级设置　　　　　　　　　图 9-18　设置音频选项

(2) 基本音频设置

● 【采样率】：选择一个采样率以决定导出媒体音频的质量。采样率越高，音频质量也越高。

● 【声道】：指定导出媒体的声道，可以设置【单声道】或【立体声】。

- 【采样类型】：选择较高或较低的位深度可以让音频获得较高的质量，或让音频减少处理时间和节省磁盘空间。

5．【FTP】选项卡

可以通过该选项卡指定一个 FTP 空间，将媒体导出并上传到 FTP 空间，如图 9-19 所示。

6．其他选项

- 【使用最高渲染品质】：该选项可提供更高品质的压缩，但会增加编码的时间。
- 【使用已生成的预览文件】：如果程序已经生成了预览文件，选择该选项可以使用这些预览文件加快导出渲染。该选项仅适用于从程序导出序列。

图 9-19　设置 FTP 选项

- 【使用帧混合】：当输入帧速率与导出帧速率不符时，可混合相邻的帧以生成更平滑的运动效果。
- 【元数据】按钮：单击此按钮可以打开【元数据导出】对话框，选择要写入导出的元数据，如图 9-20 所示。

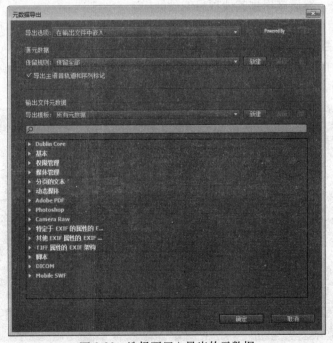

图 9-20　选择要写入导出的元数据

- 【队列】按钮：单击此按钮可以将项目添加到 Adobe Media Encoder 程序队列，以便通过 Adobe Media Encoder 程序导出媒体，如图 9-21 所示。
- 【导出】按钮：单击此按钮可使用当前设置导出媒体。
- 【取消】按钮：单击此按钮取消导出。

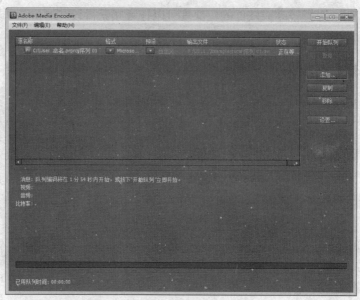

图 9-21　Adobe Media Encoder 程序

## 9.2.2　导出字幕素材

在 Premiere Pro CS5 中，字幕素材可以导出为独立的文件。通过这个功能，可以将字幕素材导出保存起来，然后应用到其他项目的设计中。

**上机实战　导出字幕素材**

*1*　打开光盘中的 "..\Example\Ch09\9.2.2.prproj" 练习文件，然后将【项目】窗口中的【弯曲字幕】字幕素材加入到【素材源】窗口，如图 9-22 所示。

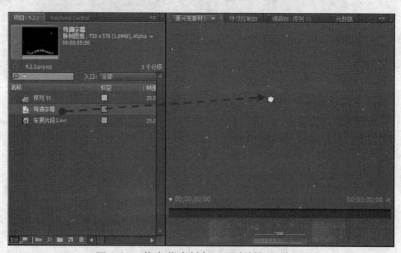

图 9-22　将字幕素材加入【素材源】窗口

*2*　在【素材源】窗口的控制面板中单击【播放-停止切换】按钮，播放字幕素材以预览字幕的效果，如图 9-23 所示。

*3*　在【项目】窗口中选择字幕素材，然后打开【文件】菜单，再选择【导出】|【字幕】命令，如图 9-24 所示。

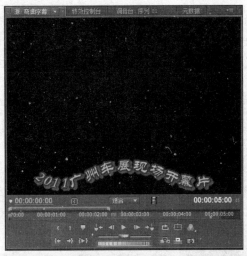

图 9-23　播放字幕素材

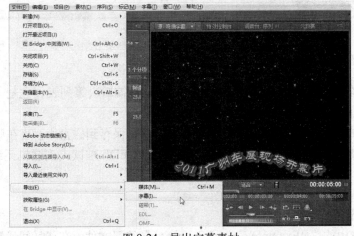

图 9-24　导出字幕素材

　　**4**　打开【存储字幕】对话框后设置字幕的文件名，然后单击【保存】按钮，如图 9-25
所示。

图 9-25　存储字幕

> **提示:** 当字幕素材导出为字幕文件后,当其他项目需要使用该字幕时,可以在【项目】窗口的素材区中单击右键,并选择【导入】命令,接着通过【导入】对话框选择字幕文件,然后单击【打开】按钮,即可将字幕导入当前项目文件,如图 9-26 所示。

图 9-26　导入字幕素材

### 9.2.3　导出为 EDL 文件

EDL(英文全称为 Editorial Determination List)指编辑决策列表,它是一个表格形式的列表,由时间码值形式的电影剪辑数据组成。

EDL 是在编辑时由很多编辑系统自动生成的,并可保存到磁盘中。当在脱机或联机模式下工作时,编辑决策列表极为重要:脱机编辑下生成的 EDL 被读入到联机系统中,作为最终剪辑的基础。

**上机实战　导出为 EDL 文件**

*1*　打开光盘中的"..\Example\Ch09\9.2.3.prproj"练习文件,在【时间线】面板中选择当前序列(必须选择序列,且确保序列上有素材),然后选择【文件】|【导出】|【EDL】命令,如图 9-27 所示。

图 9-27　选择导出 EDL 文件

**提示：** 目前有各种各样的 EDL 格式，例如 Sony、CMX 和 GVG 格式等。这些格式之间可以通过软件工具来相互转换。Premiere Pro CS5 程序默认保存 CMX 的 EDL 格式。

　　**2**　打开【EDL 输出设置】对话框后设置 EDL 的标题，然后设置其他选项，单击【确定】按钮，如图 9-28 所示。

　　**3**　打开【存储序列为 EDL】对话框后设置文件名和保存类型，然后单击【保存】按钮，如图 9-29 所示。

图 9-28　设置 EDL 输出选项

图 9-29　保存 EDL 文件

### 9.2.4　导出为 OMF 文件

　　OMF 的英文全称是 Open Media Framework（开放媒体框架），它是一种编辑数据交换的格式。导出 OMF 的对象也是序列，即需要激活序列（在【时间线】窗口中单击序列），才可以应用此功能。

**上机实战　导出为 OMF 文件**

　　**1**　打开光盘中的“..\Example\Ch09\9.2.4.prproj”练习文件，在【时间线】面板中选择当前序列，然后选择【文件】│【导出】│【OMF】命令，如图 9-30 所示。

图 9-30　选择导出 OMF 文件

**2** 打开【OMF 输出设置】对话框后设置 OMF 的标题，然后设置其他选项，单击【确定】按钮，如图 9-31 所示。

**3** 打开【存储序列为 OMF】对话框后设置文件名和保存类型，然后单击【保存】按钮，如图 9-32 所示。

图 9-31　设置 OMF 输出选项　　　　　　图 9-32　保存 OMF 文件

**4** 此时程序将执行输出 OMF 的操作，并通过【输出媒体文件到 OMF 文件夹】对话框提示进度，最后显示 OMF 的输出信息，如图 9-33 所示。

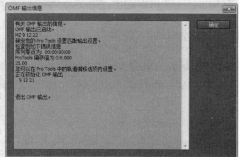

图 9-33　执行输出并查看输出信息

### 9.2.5　导出为 AAF 和 XML 项目文件

AAF 是 Advanced Authoring Format 的缩写，意为"高级制作格式"，它是一种用于多媒体创作及后期制作、面向企业界的开放式标准。AAF 格式中含有丰富的元数据来描述复杂的编辑、合成、特效以及其他编辑功能，解决了多用户、跨平台以及多台电脑协同进行数字创作的问题。

XML 项目是指 Final Cut Pro 软件所支持的一种文件。Final Cut Pro 是苹果系统中专业视频剪辑软件 Final Cut Studio 中的一个产品。

**上机实战　导出为 AAF 和 XML 项目文件**

**1** 打开光盘中的".\Example\Ch09\9.2.5.prproj"练习文件，选择【文件】|【导出】|【AAF】命令，如图 9-34 所示。

**2** 打开【AAF-存储转换项目为】对话框后设置文件名和保存类型，然后单击【保存】按钮，如图 9-35 所示。

图 9-34 选择导出 AAF 文件

图 9-35 设置文件名称并保存

**3** 通过【AAF 导出设置】对话框设置导出选项，然后程序将执行导出的操作，最后显示导出记录信息，如图 9-36 所示。

图 9-36 选择导出设置并执行导出

**4** 再打开【文件】菜单，然后选择【导出】|【AAF】命令，如图 9-37 所示。

**5** 打开【Final Cut Pro XML-存储转换项目为】对话框后，设置文件名和保存类型，然后单击【保存】按钮，如图 9-38 所示。

图 9-37 选择导出 XML 文件

图 9-38 设置文件名称并保存

## 9.3 导出为媒体

在各种导出方式中，将素材或项目内容导出为媒体是最常用的方式，可以通过此方式将项目导出为一个影片成品，或者以此方式将不同媒体进行格式转换。下面将通过多个实例，介绍应用导出为媒体的各种技巧。

### 9.3.1 通过导出媒体合并素材

当多个素材放置在序列后，就可以让素材依照序列进行顺序播放。只需将包含多个素材的序列导出为媒体，就可以让序列的素材组成一个媒体文件，也就是说，序列上的多个素材就合并成了一个素材。

**上机实战 通过导出媒体合并素材**

*1* 打开光盘中的 "..\Example\Ch09\9.3.1.prproj" 练习文件，然后将【项目】窗口的视频素材加入到序列上，并依照播放的先后顺序进行排列，如图 9-39 所示。

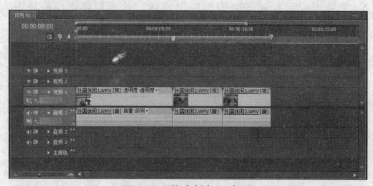

图 9-39 将素材加入序列

*2* 打开【效果】面板中的【视频切换】列表，分别选择两个切换特效应用在序列上，如图 9-40 所示。

图 9-40 调整字幕的持续时间

*3* 选择【文件】|【导出】|【媒体】命令，打开【导出设置】窗口后设置视频格式，并选择【导出视频】和【导出音频】两个复选框，如图 9-41 所示。

*4* 单击【输出名称】选项旁的名称，打开【另存为】对话框后设置文件名，然后单击【保存】按钮，如图 9-42 所示。

图 9-41  设置视频导出选项

图 9-42  设置文件名称和保存位置

5  打开【视频】选项卡设置视频选项，接着选择【使用帧混合】复选框。完成所有的设置后，单击【导出】按钮，执行导出媒体的操作，如图 9-43 所示。

6  此时程序会自动对序列执行编码，编码完成后即完成导出的过程。可以使用视频播放器播放导出的视频，如图 9-44 所示。

图 9-43 设置视频选项并执行导出

图 9-44 编码序列并播放导出的视频

### 9.3.2 通过导出成媒体转换格式

在【导出设置】对话框中可以设置多种导出媒体格式。利用这一功能可以通过导出媒体的方式，转换视频素材的文件格式，例如将 FLV 格式的教学影片转换为 MPG 格式的视频文件。

**上机实战** 通过导出媒体进行转换格式

*1* 打开光盘中的 "..\Example\Ch09\9.3.2.prproj" 练习文件，然后将【项目】窗口中 FLV 格式的视频素材拖到序列，如图 9-45 所示。

*2* 在序列上单击一下激活当前序列（激活的对象会显示金色的外框线），接着选择【文件】|【导出】|【媒体】命令，如图 9-46 所示。

图 9-45　将视频素材加入序列

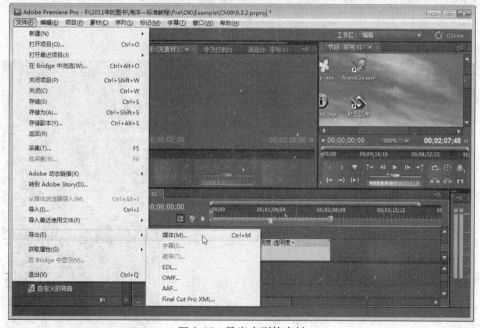

图 9-46　导出序列的素材

**3**　打开【导出设置】窗口后设置导出的格式，再选择预设的压缩器，如图 9-47 所示。

**4**　单击【输出名称】选项旁的名称，打开【另存为】对话框后设置文件名，然后单击【保存】按钮，如图 9-48 所示。

**5**　打开【视频】选项卡设置视频选项，接着选择【使用帧混合】复选框。完成所有的设置后，单击【导出】按钮，执行导出媒体的操作，如图 9-49 所示。

图 9-47　设置导出格式和预设压缩器

图 9-48　设置文件名称和保存位置

*6*　此时程序会自动对序列执行编码，编码完成后即完成导出的过程。可以进入文件保存目录打开导出的视频预览效果，如图 9-50 所示。

图 9-49　设置视频选项并执行导出

图 9-50　执行编码并播放导出的视频

### 9.3.3　导出修剪后的视频

对于使用 DV 拍摄的视频，很多时候会包含了一些无用场景。可以通过【素材源】窗口设置入点和出点，以修剪掉视频前后多余的场景，接着通过导出为媒体的方式，将修剪后的视频导出，以便后续再利用。

**上机实战　导出修剪后的视频**

*1*　打开光盘中的 "..\Example\Ch09\9.3.3.prproj" 练习文件，然后将【项目】窗口中的原视频素材拖到【素材源】窗口，如图 9-51 所示。

*2*　拖动【素材源】窗口播放轴的蓝色播放指针控点，找到需要修剪的素材片段，然后在修剪的开始处停止播放，再单击【设置入点】按钮，如图 9-52 所示。

*3*　将蓝色播放指针控点移到要修剪视频的结束处，然后单击【设置出点】按钮，如图 9-53 所示。

图 9-51　将视频素材加入【素材源】窗口

图 9-52　设置素材的入点

图 9-53　设置素材的出点

**4** 选择【文件】|【导出】|【媒体】命令，打开【导出设置】窗口后，可以在监视器下方的播放条中看到素材被设置入点和出点的一段（金色显示）。设置导出格式和其他选项，接着单击【导出】按钮，如图 9-54 所示。

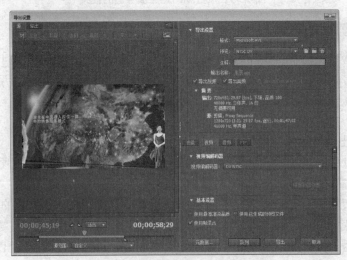

图 9-54　设置选项并执行导出

**5**　程序会自动对序列执行编码，编码完成后即完成导出的过程。可以进入文件保存目录打开导出的视频预览效果，如图 9-55 所示。

图 9-55　执行编码并播放导出的视频

### 9.3.4　通过【导出设置】窗口修剪视频

除了通过【素材源】窗口预先设置素材入点和出点外，还可以在【导出设置】窗口为素材设置入点和出点，从而达到修剪视频的目的。

　通过【导出设置】窗口修剪视频

**1**　打开光盘中的 ".\\Example\\Ch09\\9.3.4.prproj" 练习文件，在【项目】窗口中选择需要修剪视频的原素材，然后选择【文件】│【导出】│【媒体】命令，如图 9-56 所示。

图 9-56　选择素材并准备导出

**2** 打开【导出设置】窗口后，拖动播放轴上方的金色播放指针控点，搜索需要修剪的视频。搜索出来后，将播放指针控点移到修剪视频的开始处，再单击【设置入点】按钮◢，如图 9-57 所示。

图 9-57　设置素材的入点

**3** 移动播放指针控点到要修剪视频的结束处，在单击【设置出点】按钮◣，如图 9-58 所示。

**4** 如果要调整入点或出点，可以按住入点或出点图标移动即可。如图 9-59 所示为调整素材出点。

图 9-58　设置素材的出点　　　　　　　　图 9-59　调整素材的出点

*5* 设置素材的入点和出点后，再设置导出格式和其他选项，接着单击【导出】按钮，执行编码即可修剪到入点到出点这一段视频，如图 9-60 所示。

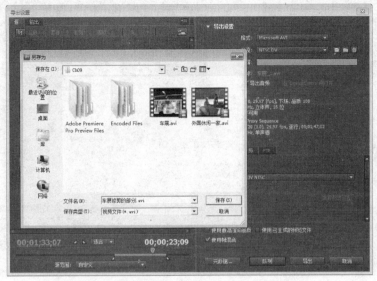

图 9-60 设置导出格式和其他选项并执行导出

### 9.3.5 通过【导出设置】窗口裁剪视频

在【导出设置】窗口中不仅可以通过设置素材的入点和出点的方式修剪素材，还可以使用【裁剪输出视频】功能裁剪素材。有了这个功能，就可以通过裁剪的方式，将视频中多余的画面部分删除，例如删除视频画面中多出的观众头部影像等。

**上机实战 通过【导出设置】窗口裁剪视频**

*1* 打开光盘中的 "..\Example\Ch09\9.3.5.prproj" 练习文件，在【项目】窗口中选择视频素材，然后拖到【素材源】窗口中并播放，查看视频是否有不需要的画面内容，如图 9-61 所示。

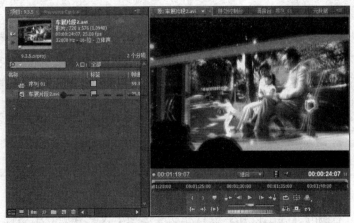

图 9-61 通过【素材源】窗口预览视频

*2* 在【项目】窗口中选择素材，然后按下【Ctrl+M】快捷键，打开【导出设置】窗口，接着单击【裁剪输出视频】按钮 ，设置裁剪框的尺寸比例，如图 9-62 所示。

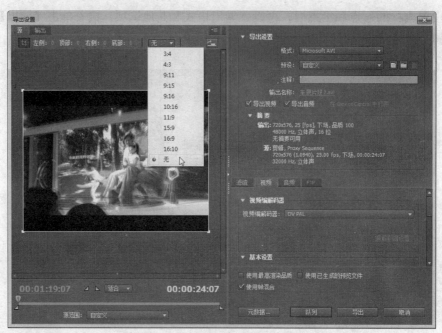

图 9-62　设置裁减框的尺寸比例

**3** 选择裁剪框，然后调整裁剪框的大小和位置，以便将画面中不需要的内容剔除在裁剪框外，如图 9-63 所示。

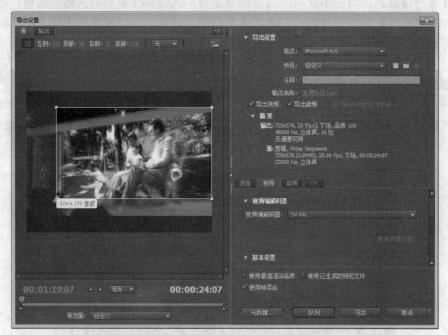

图 9-63　调整裁剪框的大小和位置

**4** 通过窗口右侧的【导出设置】栏目和功能选项卡设置各项导出属性，接着单击【导出】按钮，导出裁剪的视频，如图 9-64 所示。

**5** 程序会自动对序列执行编码，编码完成后即完成导出的过程。可以进入文件保存目录打开导出的视频预览效果，如图 9-65 所示。

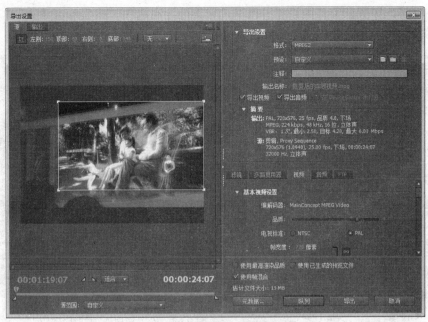

图 9-64　设置视频选项并执行导出

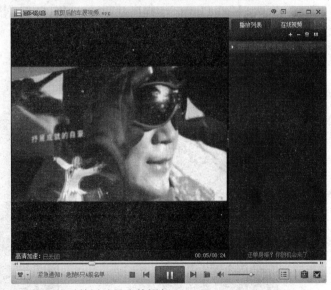

图 9-65　执行编码并播放导出的视频

## 9.4　课堂实训

本例将通过【导出设置】窗口将媒体队列到 Adobe Media Encoder 程序上，然后通过该程序批量导出媒体。

 **上机实战　批量导出媒体**

*1*　打开光盘中的 "..\Example\Ch09\9.5.prproj" 练习文件，在【项目】窗口中选择第一个需要导出的视频素材，然后按下【Ctrl+M】快捷键打开【导出设置】窗口，如图 9-66 所示。

**2** 在【导出设置】窗口中设置导出格式和其他导出选项，然后单击【队列】按钮，将导出设置队列到 Adobe Media Encoder 程序上，如图 9-67 所示。

图 9-66  选择素材并执行导出

图 9-67  设置导出选项并执行队列

**3** 在 Adobe Media Encoder 程序打开后，可以打开【格式】列表框，更改导出媒体的格式，如图 9-68 所示。

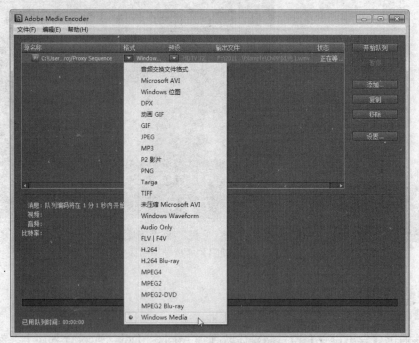

图 9-68  更改导出媒体的格式

**4** 单击【预设】项目的三角形按钮打开【预设】列表框，更改预设压缩器的设置，如图 9-69 所示。如果要更改导出设置，则可以选择【编辑导出设置】选项。

**5** 使用步骤 1 和步骤 2 的方法，将其他需要导出的素材队列到 Adobe Media Encoder 程序，然后单击【开始队列】按钮，执行批量导出的处理，如图 9-70 所示。

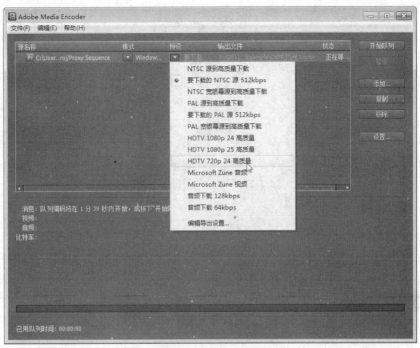

图 9-69  更改预设选项

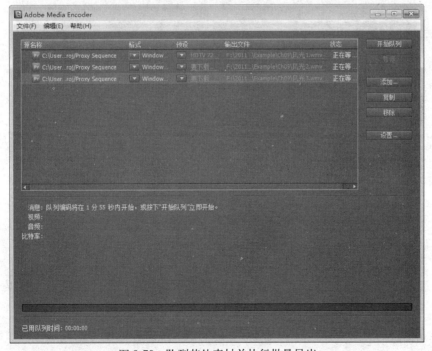

图 9-70  队列其他素材并执行批量导出

6  在执行导出时，Adobe Media Encoder 程序会逐一对队列的素材进行编码，如图 9-71 所示

7  导出完成后，每个队列项目后将显示一个绿色对勾的图标，表示导出已经成功完成，如图 9-72 所示。

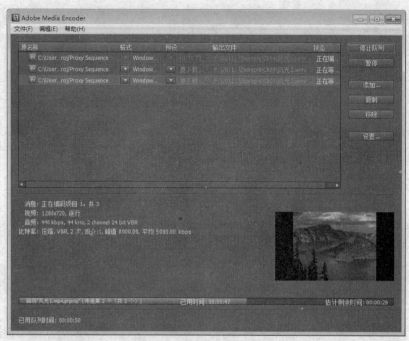

图 9-71　对素材进行编码

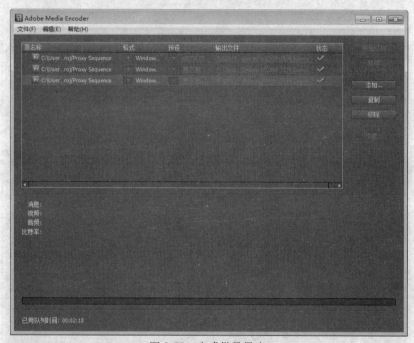

图 9-72　完成批量导出

## 9.5　本章小结

　　本章主要介绍了通过 Premiere Pro CS5 程序渲染项目并将项目内容导出成各种文件类型，以及导出媒体时的应用技巧。其中包括渲染工作区、渲染音频、导出项目成媒体、导出字幕素材、导出项目为 EDL 文件、通过【导出设置】窗口修剪和裁剪视频等内容。

## 9.6　习题

一、填充题

(1) 渲染，就是对项目每帧的画像进行＿＿＿＿＿＿＿＿＿＿的过程。

(2) 渲染工作区的方式包括＿＿＿＿＿＿＿＿和＿＿＿＿＿＿＿＿＿＿两种。

(3) 打开【导出设置】窗口后，可以打开＿＿＿＿＿＿列表框，指定导出的范围。

(4) EDL 指编辑决策列表，它是一个表格形式的列表，由＿＿＿＿＿＿形式的电影剪辑数据组成。

(5) OMF 的英文全称是 Open Media Framework（开放媒体框架），是一种＿＿＿＿＿＿的格式。

二、选择题

(1) 按下哪个快捷键可以打开【导出设置】窗口？　　　　　　　　　　　　　（　　）

　　A. Ctrl+M　　　　　B: Ctrl+D　　　　　C. Ctrl+F7　　　　　D. Ctrl+F8

(2) Premiere Pro CS5 程序默认保存哪种 EDL 格式？　　　　　　　　　　（　　）

　　A. GVG　　　　　　B. Sony　　　　　　C. CMX　　　　　　D. Apple

(3) 以下哪种格式可以通过保存的元数据来描述复杂的编辑、合成、特效以及其他编辑功能？　　　　　　　　　　　　　　　　　　　　　　　　　　　　　　　（　　）

　　A. EDL　　　　　　B. OMF　　　　　　C. XML　　　　　　D. AAF

三、操作题

将练习文件中的 AVI 格式的素材装配到序列，然后通过导出序列素材的方式，将该素材导出为 MPG 格式的文件，从而达到转换视频格式的目的，结果如图 9-73 所示。

图 9-73　播放导出的 MPG 视频

**操作提示：**

（1）将【项目】窗口中的视频素材添加到序列。

（2）选择当前序列，然后按下【Ctrl+M】快捷键打开【导出设置】窗口。

（3）选择导出格式为【MPEG2】。

（4）设置其他导出选项，然后单击【导出】按钮，如图 9-74 所示。

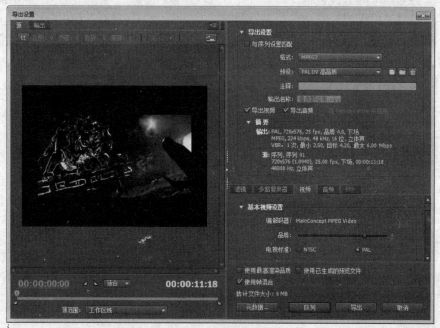

图 9-74　设置导出选项

# 第 10 章　项目设计——我的婚礼

## 教学提要

本章以一个婚礼影片为例，综合介绍应用 Premiere Pro CS5 各项功能制作具有个性的婚礼影片的方法。包含了采集 DV 视频、修剪视频素材、应用视频和切换特效、制作视频合成、音频处理，以及导出为成品等内容。

## 教学重点

➢ 掌握采集和修剪视频的应用
➢ 掌握编辑项目内容和应用特效的方法
➢ 掌握制作合成效果和音频处理的方法
➢ 掌握将项目导出为媒体的方法

## 10.1　从 DV 中采集婚礼视频

现在很多人举行婚礼时，都会使用 DV 机将整个过程拍下来。因此，在制作婚礼影片前，首先就要从 DV 机中采集到婚礼视频，然后将有用的保留，多余的去掉。

### 10.1.1　新建项目

要使用 Premiere Pro CS5 程序设计影片，首先要创建一个项目，以便后续可以通过此项目采集和编辑视频。

**上机实战　新建项目文件**

*1*　打开【开始】菜单，在程序列表中选择【Adobe Premiere Pro CS5】程序，如图 10-1 所示。

*2*　启动【Adobe Premiere Pro CS5】程序后，首先打开【欢迎使用 Adobe Premiere Pro】窗口，此时单击【新建项目】按钮，执行新建项目的操作，如图 10-2 所示。

*3*　打开【新建项目】对话框后，选择【常规】选项卡，然后设置常规选项，并设置保存位置和项目文件名称，然后单击【确定】按钮，如图 10-3 所示。

*4*　此时程序打开【新建序列】对话框，选择【序列预设】选项卡，然后在【有效预设】列表中选

图 10-1　启动程序

择一种序列,单击【确定】按钮,如图 10-4 所示。

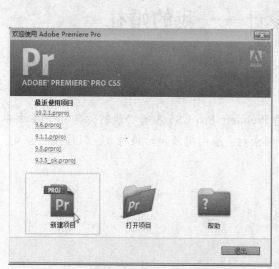

图 10-2　新建项目

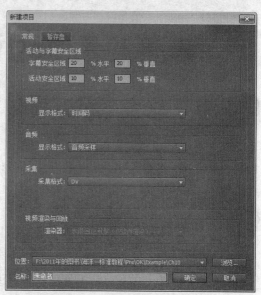

图 10-3　设置项目常规选项

图 10-4　选择预设序列

### 10.1.2　采集有用的 DV 视频

在设计婚礼影片时,不建议将 DV 拍摄到的所有视频都使用到设计中,因为会导致影片过长且拍摄过程中一些不好的画面会影响影片的质量。因此,在采集 DV 视频时,可以有挑选性地去选择该采集哪些内容,不需要采集哪些内容。

**上机实战**　采集 DV 视频片段

*1*　打开【文件】菜单，再选择【采集】命令，如图 10-5 所示。

*2*　打开【采集】窗口后，可以按下 DV 机的播放按钮，或者单击窗口的【播放】按钮▶，播放 DV 拍摄的视频，如图 10-6 所示。

图 10-5　选择【采集】命令

图 10-6　播放 DV 视频

*3*　当需要采集时，单击【录制】按钮◉，执行录制的操作，如图 10-7 所示。

图 10-7　执行录制的操作

*4*　执行录制的操作后，【采集】窗口的监视器上方将显示采集信息，如图 10-8 所示。

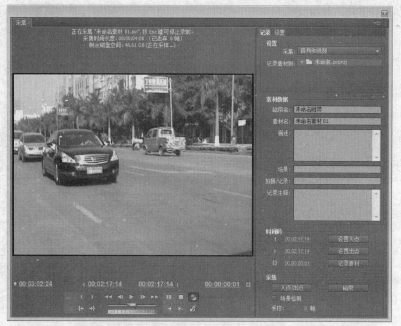

图 10-8 程序正在录制 DV 视频

**5** 当需要停止录制时，再次单击【录制】按钮 ⬤ 停止录制，如图 10-9 所示。

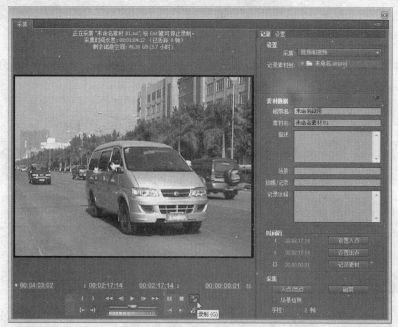

图 10-9 停止录制

**6** 停止录制后，程序弹出【存储已采集素材】对话框，此时设置素材名称及其他信息，然后单击【确定】按钮，保存采集到的素材，如图 10-10 所示。

**7** 使用相同的方法采集 DV 视频的其他片段，并将这些视频素材保存起来。采集到的视频素材会显示在【项目】窗口的素材区中，如图 10-11 所示。

**8** 完成采集后选择【文件】|【存储为】命令，保存项目文件，如图 10-12 所示。

图 10-10　保存采集的视频素材

图 10-11　采集到的 DV 视频素材

图 10-12　存储项目文件

### 10.1.3　修剪视频并清除声音

采集到 DV 的视频后，首先通过【素材源】窗口查看视频，然后对视频进行一些简单的处理，例如将视频素材前后多余的部分删除，再将视频自带的声音清除，以便后续婚礼影片项目的设计。

**上机实战　修剪视频并清除声音**

*1*　打开上例保存的"婚礼视频.prproj"项目文件，将【项目】窗口的视频素材拖到【素材源】窗口，如图 10-13 所示。

*2*　单击【素材源】窗口下方控制面板的【播放-停止切换】按钮，预览视频的内容，如图 10-14 所示。

*3*　当预览到视频需要修剪时，可以将视频素材添加到序列，以便进行修剪处理，如图 10-15 所示。

*4*　可以通过拖动视频的入点或出点，对素材进行修剪处理，将多余片段删除，如图 10-16 所示。

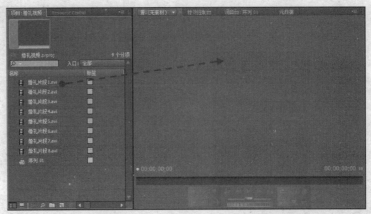

图 10-13　将素材加入【素材源】窗口

图 10-14　预览视频素材的内容

图 10-15　将视频素材添加到序列

　　**5**　选择在序列上的素材，然后选择【素材】|【解除视音频链接】命令，解除素材的视频和音频链接，以便后续可以单独将素材的音频删除，如图 10-17 所示。

　　**6**　在序列上选择素材的音频，然后按下【Delete】键，删除素材的音频，如图 10-18 所示。

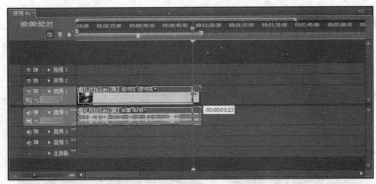

图 10-16　修剪多余的片段

图 10-17　解除视音频的链接

图 10-18　选择音频素材并按下【Delete】键

　　**7**　选择序列上的视频，再选择【文件】|【导出】|【媒体】命令，打开【导出】窗口后设置输出格式，然后单击【队列】按钮，将导出设置队列到【Adobe Media Encoder】程序，如图 10-19 所示。

　　**8**　使用上述步骤的方法，将其他素材分别装配到序列并进行修剪，然后删除素材的音频，并通过【导出】窗口将导出设置队列到【Adobe Media Encoder】程序，最后单击【开始队列】按钮，批量导出媒体，如图 10-20 所示。

　　**9**　完成导出的处理后，可以进入保存目录查看导出的视频。本例将导出的视频放置在光盘的"..\Example\Ch10\婚礼片段"文件夹内，如图 10-21 所示。

图 10-19　将导出设置队列到【Adobe Media Encoder】程序

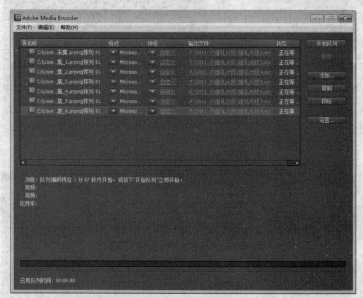

图 10-20　批量导出媒体

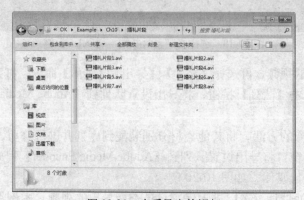

图 10-21　查看导出的视频

## 10.2　为婚礼影片添加片头

　　为了让影片更加精彩，本节先为影片项目添加一个片头视频，然后制作片头视频与婚礼视频的切换效果。

**上机实战　为婚礼影片添加片头**

　　*1*　打开光盘中的"..\Example\Ch10\10.2.prproj"练习文件，在【项目】窗口的素材区中单击右键，然后选择【导入】命令，如图 10-22 所示。打开【导入】对话框后，将处理好的婚礼视频文件全部导入到项目内，如图 10-23 所示。

图 10-22　导入素材

图 10-23　导入所有婚礼视频

　　*2*　再次在【项目】窗口的素材区中单击右键，然后选择【导入】命令，如图 10-24 所示。打开【导入】对话框后，选择片头视频文件，接着单击【打开】按钮，如图 10-25 所示。

图 10-24　导入素材

图 10-25　打开片头文件

　　*3*　将导入的片头素材拖到【视频 1】轨道上，向左拖动素材的出点，修剪片头视频，如图 10-26 所示。

　　*4*　在【节目】窗口中选择片头素材，拖动素材控制点，扩大素材的尺寸，如图 10-27 所示。

　　*5*　打开【特效控制台】面板，再打开【透明度】列表，将播放指针移到素材入点处，单击【添加/移除关键帧】按钮 ，添加一个关键帧，如图 10-28 所示。选择关键帧，设置关键帧的透明度为 0.0%，如图 10-29 所示。

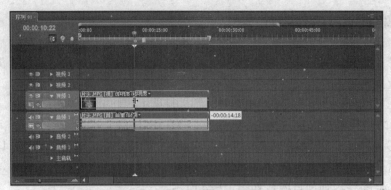

图 10-26　修剪片头视频

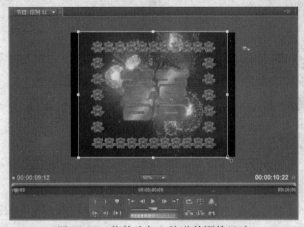

图 10-27　将片头加入轨道并调整尺寸

图 10-28　添加关键帧

图 10-29　设置透明度

*6*　将播放指针向右移动一小段，然后单击【添加/移除关键帧】按钮 ，设置该关键帧的透明度为 100.0%，如图 10-30 所示。

*7*　将【婚礼片段 1.avi】素材拖到【视频 1】轨道，并与片头素材的出点连在一起，如图 10-31 所示。

*8*　打开【效果】面板，在【视频切换】列表中选择【风车】效果，将此效果应用到片头素材与婚礼视频素材之间，如图 10-32 所示。

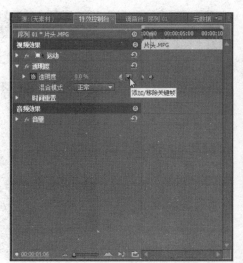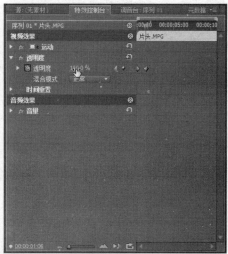

图 10-30 添加第二个关键帧并设置透明度

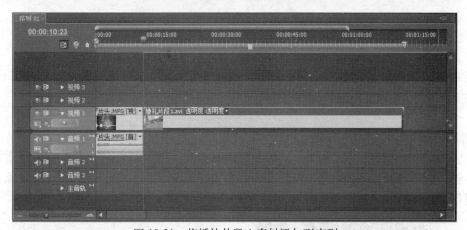

图 10-31 将婚礼片段 1 素材添加到序列

图 10-32 应用切换效果

*9* 打开【特效控制台】面板，使用鼠标按住切换编辑点的入点向左拖动，如图 10-33 所示。再次按住切换编辑点的出点向右拖动，增加切换效果的持续时间，如图 10-34 所示。

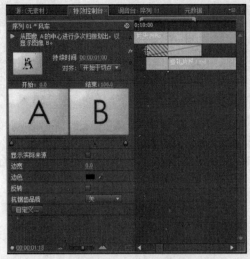 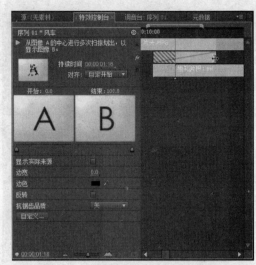

图 10-33　向左增加切换效果持续时间　　　　图 10-34　向右增加切换效果持续时间

## 10.3　制作婚礼标题字幕

在片头切换到婚礼影片后，可以添加一个标题字幕介绍影片的基本内容增加影片的可观性。

**上机实战　制作婚礼标题字幕**

**1**　打开光盘中的 "..\Example\Ch10\10.3.prproj" 练习文件，在【项目】窗口的素材区中单击右键，选择【新建分项】|【字幕】命令，打开【新建字幕】对话框后，设置字幕名称后单击【确定】按钮，如图 10-35 所示。

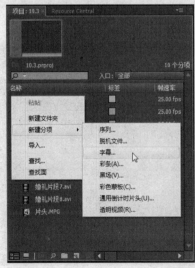 

图 10-35　新建字幕

**2**　打开【字幕设计器】窗口，选择【矩形工具】■在监视器左侧绘制一个矩形，如图10-36 所示。

图 10-36　绘制一个矩形

**3**　选择矩形，通过【属性】面板设置填充类型为【线性】，再设置填充的颜色，如图 10-37 所示。

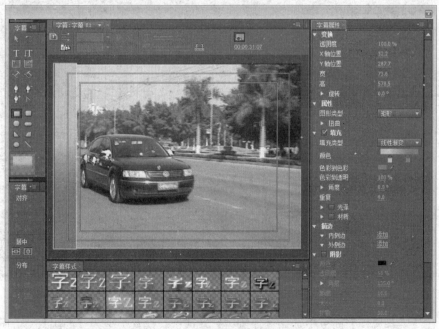

图 10-37　设置矩形的填充效果

**4**　单击【垂直文字工具】按钮，在窗口编辑区的矩形上输入字幕文字，然后设置文字的字体和大小，如图 10-38 所示。

**5**　打开【字幕样式】面板，单击应用一种字幕样式，并修改文字的字体为适合中文显示的字体，如图 10-39 所示。

图 10-38　输入字本并设置字体和大小

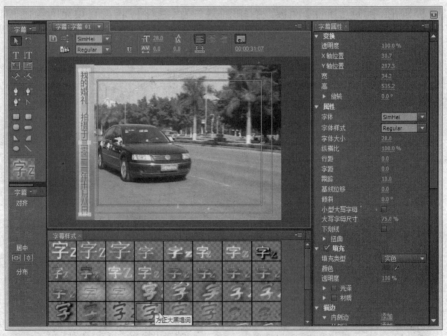

图 10-39　应用字幕样式并设置字体

6　在【字幕属性】面板中选择【外侧边】复选框，设置类型为【凸出】、大小为40、填充类型为【实色】、颜色为【白色】，如图 10-40 所示。

7　关闭【字幕设计器】窗口，在【项目】窗口中选择新建的字幕，然后将该字幕素材拖到【视频2】轨道上，向右拖动字幕出点，增加字幕的持续时间，如图 10-41 所示。

8　在【节目】窗口中单击【播放-停止切换】按钮播放序列，查看字幕的效果，如图 10-42 所示。

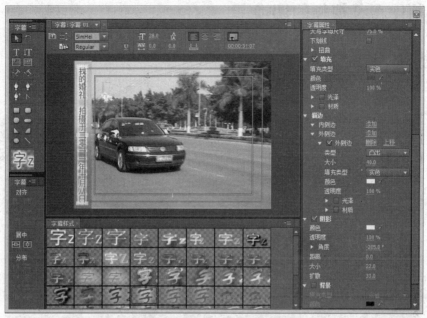

图 10-40　设置字幕的外侧边属性

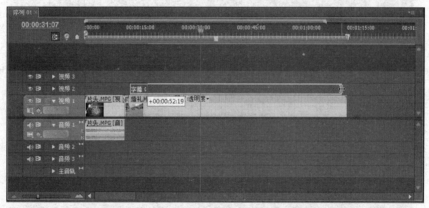

图 10-41　将字幕装配到序列并调整持续时间

图 10-42　查看字幕的效果

## 10.4 制作覆叠视频的切换

本例将两个视频素材片段添加到序列，然后通过不同的轨道进行覆叠，制作在播放过程中两个覆叠视频进行切换的效果。

**上机实战 制作覆叠视频的切换**

*1* 打开光盘中的 "..\Example\Ch10\10.4.prproj" 练习文件，在【项目】窗口的素材区中选择【婚礼片段 3.avi】素材，并将此素材拖到【视频 1】轨道上，如图 10-43 所示。

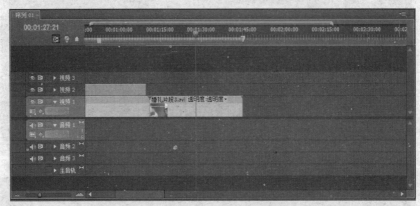

图 10-43 加入第二个婚礼视频素材

*2* 打开【效果】面板，在【视频切换】列表中选择【带状滑动】的切换效果，并将此效果应用到第一段婚礼视频素材与第二段婚礼视频素材之间，如图 10-44 所示。

图 10-44 应用视频切换效果

*3* 在【项目】窗口的素材区中选择【婚礼片段 2.avi】素材，并将此素材拖到【视频 2】轨道上，如图 10-45 所示。

*4* 在【节目】窗口中选择【视频 2】轨道上的素材，然后缩小素材尺寸并将它放置在画面的左下角，如图 10-46 所示。

*5* 在【工具箱】面板中选择【剃刀工具】 ，将【婚礼片段 2.avi】素材一分为二，并且分割的位置在【婚礼片段 3.avi】素材的出点处，如图 10-47 所示。

*6* 打开【效果】面板，在【视频特效】列表中选择【投影】效果，并将此效果应用到【轨道 2】的素材上，如图 10-48 所示。

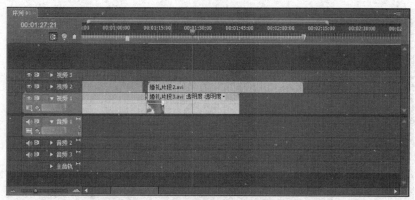

图 10-45  将【婚礼片段 2.avi】素材加入序列

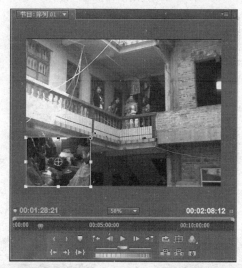

图 10-46  调整子画面素材的尺寸和位置

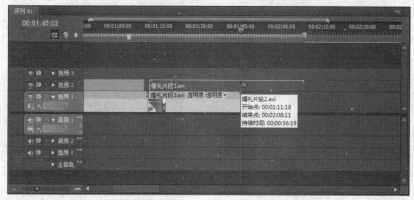

图 10-47  将视频素材一分为二

7  在【特效控制台】面板中打开【投影】列表，设置阴影颜色为【白色】，再设置其他参数，如图 10-49 所示。

8  选择【视频 2】轨道上的后段视频素材，在【特效控制台】面板中打开【运动】列表，分别单击【位置】项目和【缩放比例】项目前的【切换动画】按钮 ，如图 10-50 所示。

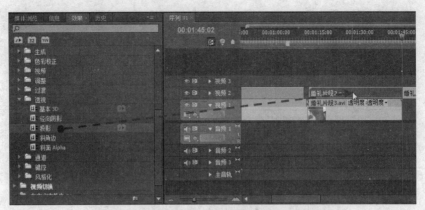

图 10-48　应用视频特效至素材

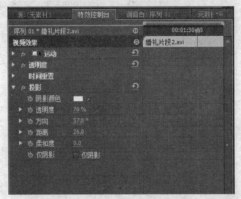

图 10-49　设置投影的参数

*9*　分别在素材前端为【位置】和【缩放比例】项目添加关键帧，如图 10-51 所示。

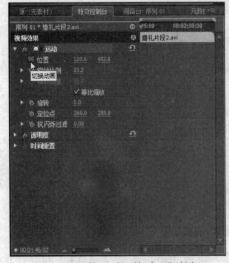

图 10-50　按下【切换动画】按钮

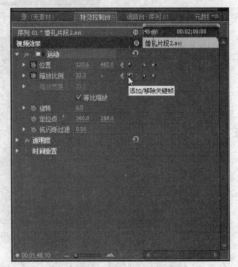

图 10-51　添加关键帧

*10* 在【节目】窗口的监视器中选择素材，然后将素材移到屏幕中央位置，扩大素材的尺寸，使之填满整个屏幕，如图 10-52 所示。此操作的目的是让子画面的视频移到屏幕中央并放大，成为主画面。

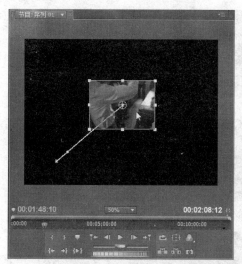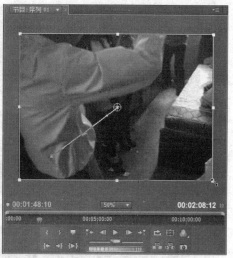

图 10-52　调整素材的尺寸和位置

## 10.5　制作覆叠视频的合成

本例将利用一个遮罩图像为覆叠的婚礼视频片段制作遮罩合成的效果，并让遮罩合成部分从屏幕左侧移动到右侧。

**上机实战　制作覆叠视频合成效果**

**1** 打开光盘中的 "..\Example\Ch10\10.5.prproj" 练习文件，在【项目】窗口的素材区中单击右键，然后选择【导入】命令，导入【心形遮罩.jpg】图像素材如图 10-53 所示。

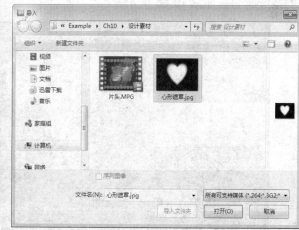

图 10-53　导入遮罩图像素材

**2** 分别将【婚礼片段 4.avi】素材、【婚礼片段 5.avi】素材和【心形遮罩.jpg】素材添加到【视频 1】、【视频 2】轨道和【视频 3】轨道，并适当调整遮罩图素材的持续时间，如图 10-54 所示。

**3** 打开【效果】面板，在【视频切换】列表中选择【漩涡】效果，然后将切换效果应用在【婚礼片段 4.avi】素材入点上，如图 10-55 所示。

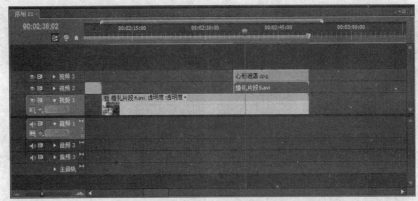

图 10-54　将素材添加到序列

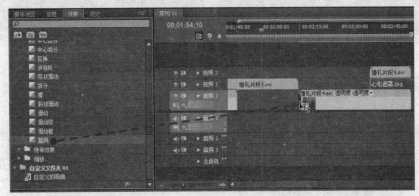

图 10-55　应用视频切换特效

　　**4**　打开【特效控制台】面板，然后使用鼠标按住切换编辑点的出点向右拖动，增加切换效果的持续时间，如图 10-56 所示。

图 10-56　增加切换特效的持续时间

　　**5**　通过【节目】窗口的监视器先分别缩小【婚礼片段 5.avi】素材和【心形遮罩.jpg】素材，然后将【视频 2】轨道的视频素材移到遮罩图的位置，如图 10-57 所示。

　　**6**　打开【效果】面板，选择【轨道遮罩键】效果，并将此效果应用到【婚礼片段 5.avi】素材上，如图 10-58 所示。

图 10-57 调整素材的大小和位置

图 10-58 应用视频特效

**7** 通过【特效控制台】面板设置【轨道遮罩键】效果选项，如图 10-59 所示

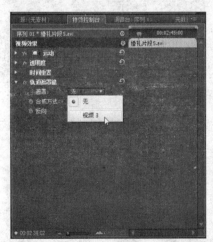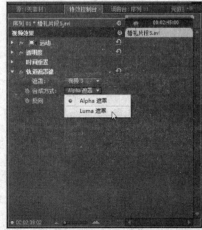

图 10-59 设置【轨道遮罩键】效果选项

**8** 选择【心形遮罩.jpg】素材，在【特效控制台】面板中打开【运动】列表，单击【位置】项目前的【切换特效】按钮 ，在素材的入点处添加关键帧，并设置关键帧中素材的位置参数。将播放指针移到素材出点并添加关键帧，再设置关键帧中素材的位置参数，如图 10-60 所示。

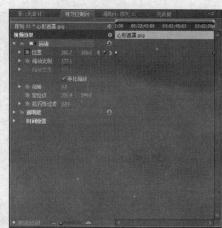

图 10-60　制作遮罩图素材位置移动的效果

**9** 选择【婚礼片段 5.avi】素材，在【特效控制台】面板中打开【运动】列表，单击【位置】项目前的【切换特效】按钮，接着在素材的入点处添加关键帧，并设置关键帧中素材的位置参数。此时将播放指针移到素材出点并添加关键帧，再设置关键帧中素材的位置参数，如图 10-61 所示。

图 10-61　制作视频素材位置移动的效果

**10** 在【节目】窗口的控制面板中单击【播放-停止切换】按钮，预览影片的效果。可以在窗口中看到遮罩片段从屏幕左边移动到右边，如图 10-62 所示。

图 10-62　预览遮罩片段移动的效果

## 10.6　自制视频融合切换效果

本例将剩余的婚礼视频片段添加到序列，然后通过【特效控制台】面板设置视频片段重叠部分从完全透明到不透明的变化，从而实现视频自然融合切换的效果。

**上机实战　自制视频融合切换效果**

*1*　打开光盘中的"..\Example\Ch10\10.6.prproj"练习文件，通过【项目】窗口分别将【婚礼片段 6.avi】素材、【婚礼片段 7.avi】素材和【婚礼片段 8.avi】素材加入到【视频 1】、【视频 2】和【视频 3】轨道上，如图 10-63 所示。

图 10-63　将其他婚礼片段视频加入轨道

*2*　打开【效果】面板，在【视频切换】列表中选择【渐变擦除】效果，然后将切换效果应用在【婚礼片段 5.avi】和【婚礼片段 6.avi】素材之间，如图 10-64 所示。

图 10-64　应用视频切换特效

*3*　打开【渐变擦除设置】对话框后，设置柔和度为 10，单击【确定】按钮，如图 10-65 所示。

图 10-65　设置渐变擦除选项

**4** 选择轨道上的【婚礼片段 7.avi】素材，打开【特效控制台】面板，将播放指针移到素材的入点处，然后单击【添加/移除关键帧】按钮，添加关键帧，如图 10-66 所示。

**5** 设置关键帧的透明度为 0%，让视频素材变成完全透明，如图 10-67 所示。

图 10-66　添加关键帧

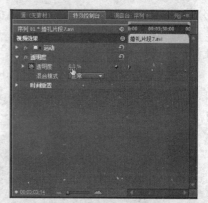

图 10-67　设置透明度

**6** 在序列上拖动播放指针，让指针处于【婚礼片段 6.avi】素材的出点上，如图 10-68 所示。

**7** 返回【特效控制台】面板，然后单击【添加/移除关键帧】按钮，添加关键帧，并设置关键帧的透明度为 100%，如图 10-69 所示。

图 10-68　调整播放指针的位置

图 10-69　添加关键帧并设置透明度

**8** 使用步骤 4 到步骤 7 的方法，为【婚礼片段 8.avi】素材与【婚礼片段 7.avi】素材重叠部分设置从完全透明到不透明的变化，使素材重叠部分能够融合地切换，如图 10-70 所示。

图 10-70　制作【婚礼片段 8.avi】素材的透明渐变效果

## 10.7 添加背景音乐并导出影片

完成上述的处理后,影片的效果制作基本完成,现在可以为影片添加一个背景音乐,并制作音乐的淡入和淡出效果,最后将影片导出。

**上机实战 添加背景音乐并导出影片**

**1** 打开光盘中的"..\Example\Ch10\10.7.prproj"练习文件,在【项目】窗口的素材区中单击右键,然后选择【导入】命令,导入【背景音乐.mp3】素材文件,如图 10-71 所示。

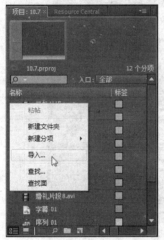

图 10-71 导入音频素材

**2** 在【项目】窗口中选择上一步骤的音频素材,将素材加入到【音频 1】轨道上,如图 10-72 所示。

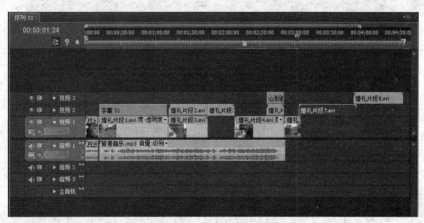

图 10-72 将音频加入轨道

**3** 由于音频素材的持续时间比【视频 1】轨道的素材播放时间短,因此将音频拖到【音频 1】轨道并与原轨道素材的出点连接。接着选择【剃刀工具】 ,将超出视频素材部分分割,并删除超出的素材,如图 10-73 所示。

**4** 单击【音频 1】轨道名称左侧的【显示素材关键帧】按钮 ,然后在弹出的菜单中选择【显示轨道音量】选项,接着向下拖动音量线,降低音频的音量,如图 10-74 所示。

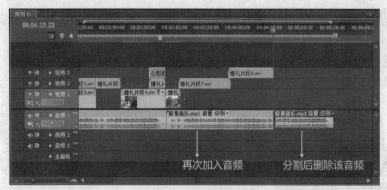

图 10-73　分割音频素材并删除多余部分

图 10-74　降低音频 1 轨道的音量

**5**　按住【Ctrl】键在音频素材前段添加两个关键帧，然后将入点处的关键帧音量设置为0，让音频产生淡入的效果，如图 10-75 所示。

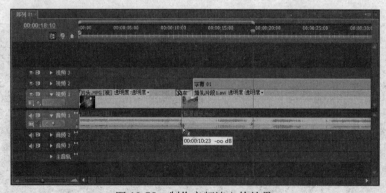

图 10-75　制作音频淡入的效果

**6**　使用相同的方法，为最后一段音频素材的出点添加关键帧，并设置出点关键帧的音量为 0，使之产生淡出的效果，如图 10-76 所示。

**7**　选择【文件】|【导出】|【媒体】命令，打开【导出】窗口后，设置输出格式和其他导出选项，如图 10-77 所示。

**8**　单击【输出名称】项目右侧的名称，打开【另存为】对话框后，设置保存的位置和文件名称，并单击【保存】按钮，最后单击【导出】按钮，将设计结果导出为 AVI 格式的影片，如图 10-78 所示。

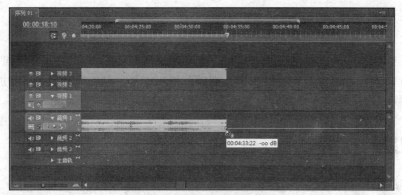

图 10-76　制作音频淡出的效果

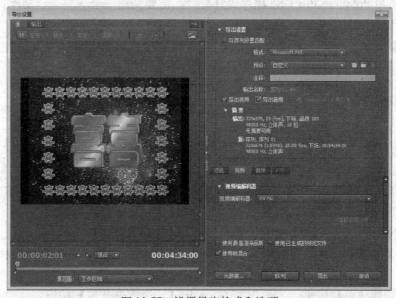

图 10-77　设置导出格式和选项

图 10-78　设置文件名称并执行导出处理

## 10.8 本章小结

本章通过使用一些 DV 拍摄的婚礼视频素材制作婚礼影片的实例，详细介绍了通过 Premiere Pro CS5 程序采集 DV 拍摄的婚礼视频和修剪视频、制作视频效果、添加字幕、覆叠视频处理、视频素材的遮罩合成，以及添加影片背景音乐和导出影片的方法。

## 10.9 习题

### 一、填充题

(1) 要使用 Premiere Pro CS5 程序设计影片，需要新建一个_____文件，而且文件中需要至少包含一个_____。

(2) 需要清除包含音频的视频素材中的音频时，需要先进行_____处理。

(3) 可以通过_____窗口调整切换特效的持续时间。

### 二、选择题

(1) 要将一个视频素材分割成多个部分，需要使用下面哪个工具？ （　　）

    A. 选择工具                 B. 轨道选择工具

    C. 滚动编辑工具           D. 剃刀工具

(2) 在音频轨道中选择哪个选项，可以通过拖动音量线来调整音频轨道的音量？ （　　）

    A.【显示轨道关键帧】选项      B.【显示轨道音量】选项

    C.【显示素材音量】选项       D.【隐藏关键帧】选项

(3) 在【特效控制台】面板中，按下特效项目的什么按钮，可以添加和移除特效的关键帧？ （　　）

    A.【切换动画】按钮         B.【切换效果开关】按钮

    C.【重置】按钮             D.【选项】按钮

### 三、操作题

新建一个基于模板的字幕素材，然后通过【字幕设计器】窗口编辑字幕，并应用到婚礼项目序列上，如图 10-79 所示。

图 10-79　添加字幕的效果

**操作提示：**

（1）打开【字幕】菜单，然后选择【新建字幕】|【基于模板】命令，打开【模板】对话框后，选择【周年纪念_屏下三分一】模板，再单击【确定】按钮。

（2）打开【字幕设计器】窗口后，使用【输入工具】▐修改预设文字的内容，并更改文字的字体和大小，如图 10-80 所示。

（3）选择模板预设的 Logo 图形框（在文字下方），然后按下【Delete】键，删除这个图形，最后关闭【字幕设计器】窗口即可。

（4）通过【项目】窗口将字幕素材拖到【视频 4】轨道上，并对齐最后一段视频素材的出入点。

图 10-80　修改字幕

# 习题参考答案

## 第1章

### 一、填充题

(1) 采集　输入　编辑　输出

(2) MPEG-1　MPEG-2　MPEG-4
MPEG-7　MPEG-21

(3) 64 位

(4) 3.5G

(5) 欢迎使用 Adobe Premiere Pro

### 二、选择题

(1) B

(2) C

(3) C

## 第2章

### 一、填充题

(1) 文件　编辑　项目　素材　序列
标记　字幕　窗口　帮助

(2) 时间线

(3) 速率伸缩工具

(4) 控制按钮　调节滑轮　调节滑杆

(5) Ctrl+Shift+S

### 二、选择题

(1) A

(2) B

(3) C

## 第3章

### 一、填充题

(1) 6 针标准接口　4 针小型接口

(2) 【音频和视频】选项

(3) 【记录素材到】选项

(4) 【时间码偏移】选项

### 二、选择题

(1) C

(2) B

(3) D

(4) D

## 第4章

### 一、填充题

(1) 起始播放点　结束播放点

(2) 【清除素材标记】|【入点和出点】

(3) 【清除素材标记】|【全部标记】

(4) 两个入点和一个出点、一个入点和
两个出点

(5) 视频

### 二、选择题

(1) C

(2) B

(3) D

(4) A

## 第5章

### 一、填充题

(1) 视频素材上

(2) 视频素材之间

(3) 重复帧

(4) 【特效控制台】面板

(5) 垂直保持　垂直翻转　摄像机视图
水平保持　水平翻转　羽化边缘　裁剪

二、选择题

(1) C

(2) C

(3) B

(4) B

## 第6章

一、填充题

(1) 若干个轨道音频控制器　主音频控制器　播放控制器

(2) 静音轨道　独奏轨道　激活录制轨道

(3) 关　只读　锁存　触动　写入

(4) 轨道所有素材

(5) 5.1　立体声　单声道

二、选择题

(1) D

(2) D

(3) B

## 第7章

一、填充题

(1) Red 通道　Green 通道　Blue 通道

(2) Alpha 通道

(3) 灰度深浅

(4) Alpha 通道　遮罩　蒙版　键控

(5) 透明度

二、选择题

(1) A

(2) C

(3) A

## 第8章

一、填充题

(1) 区域文字工具　垂直区域文字

(2) 重命名样式

(3) 游动字幕

(4) 滚动字幕

(5) 路径文字工具　垂直路径文字工具

二、选择题

(1) C

(2) C

(3) B

## 第9章

一、填充题

(1) 重新优化

(2) 渲染工作区域内的效果　渲染完整工作区

(3) 源范围

(4) 时间码值

(5) 编辑数据交换

二、选择题

(1) A

(2) C

(3) D

## 第10章

一、填充题

(1) 项目　序列

(2) 解除视音频链接

(3) 特效控制台

二、选择题

(1) D

(2) B

(3) A